Anja Siepmann

Gelassen arbeiten

Wie Achtsamkeit den Berufsalltag erleichtert

W0067112

SCORPIO

Anja Siepmann ist Kursleiterin für Stressbewältigung durch Achtsamkeit, Trainerin für CBMT *(Corporate Based Mindfulness Training)* und Expertin für die Ver-,mittlung von Achtsamkeit im Unternehmenskontext. Sie ist in eigener Praxis als Coach und Heilpraktikerin für Psychotherapie in Köln tätig.
www.anjasiepmann.de

MIX
Papier aus verantwor-
tungsvollen Quellen
FSC® C084279

3. Auflage 2018
© 2016 Scorpio Verlag GmbH & Co. KG, München
Umschlaggestaltung: Hauptmann & Kompanie
Werbeagentur, Zürich
Satz: Nadine Wagner, München
Druck und Bindung: Print Consult, München
ISBN 978-3-95803-046-6
www.scorpio-verlag.de

Inhalt

Einleitung

Während ich diese Zeilen schreibe, werden im deutschen Buchhandel über 2 500 Titel zum Thema Achtsamkeit angeboten. Hinzu kommen Artikel in Tageszeitungen, Lifestyle- und Managermagazinen, außerdem zahllose Seminare und Reiseangebote, die Achtsamkeit zum Thema haben. Ein Boom? Sicherlich – jedoch alles andere als eine Modeerscheinung. Denn was da unter dem Begriff Achtsamkeit vermittelt wird, ist eine Praxis der Selbstführung, die mehr als 2 500 Jahre alt ist. Deren Kern ist eine freundlich zugewandte Aufmerksamkeit unseren Erfahrungen gegenüber (also z. B. Gedanken, Gefühlen oder Körperempfindungen), mit dem Ziel, weniger zu leiden. Ein Buch pro Jahr seit der systematischen Erschließung der Achtsamkeitspraxis erscheint mir wenig im Verhältnis zu Reichtum und Bedeutung des Konzepts.

Der Begriff Achtsamkeit steht für Methoden, innere Einstellungen, Anleitungen zur Übung und zur Anwendung im Alltag, die dazu beitragen, dass wir entspannter, konzentrierter, gelassener, klarer, gesünder, kreativer sowie freundlicher sind und uns somit vieles im Leben leichter fällt.

Das erklärt auch, warum Achtsamkeit in immer mehr und sehr unterschiedlichen Kontexten Beachtung findet: in der Medizin, Pädagogik, Politik, im Sport und in der Lebensberatung. Verantwortliche in Industrie und Wirtschaft haben ebenfalls erkannt, dass Achtsamkeit ein wesentlicher Schlüssel ist, um den Herausforderungen der stressigen Arbeitswelt besser gewachsen zu sein. Wie Achtsamkeit Stress reduzieren und Arbeit verbessern kann, will ich Ihnen in diesem Buch nahebringen.

Ich gehöre dem Trainernetzwerk The Potential Project (TPP) an, das weltweit kleine und große Betriebe, Global Player und NGOs dabei unterstützt, Achtsamkeit in ihre Unternehmenskultur zu integrieren. Eine beglückende Arbeit, in der wir immer häufiger erleben, dass Betriebe durch Achtsamkeit auf sozialer, ethischer und wirtschaftlicher Ebene gewinnen. In diesem Buch finden Sie Übungsanleitungen und wissenschaftliche Hintergründe aus dem firmenorientierten Achtsamkeitstraining von TPP. Sie finden außerdem Erfahrungsberichte von meinen Klienten aus den verschiedensten Branchen. Sie können sich während der Lektüre theoretisch mit dem Thema »Achtsamkeit im Berufsleben« auseinandersetzen oder es selbst gleich ausprobieren.

CBMT steht für *Corporate Based Mindfulness Training* und wurde von Rasmus Hougaard und seiner Organisation The Potential Project entwickelt. Das wissenschaftlich fundierte Achtsamkeitstraining ist inhaltlich und organisatorisch auf die besonderen Anforderungen des Berufslebens zugeschnitten. Mehr Informationen unter www.potentialproject.com

Ein Hinweis vorab

Das Konzept der Achtsamkeit ist simpel – jedoch alles andere als einfach oder eindimensional und kann auf manche Weise missverstanden werden. Ich erlebe es immer wieder in Trainingsgruppen, denen ich Achtsamkeit näherbringe, dass ein einzelnes Wort Enttäuschung oder sogar Entrüstung hervorruft. Im Kurs nehmen wir uns dann Zeit, der Sache auf den Grund zu gehen und herauszufinden, welche Erwartungen, Sehnsüchte oder Aversionen da im Spiel sind. Diese Erkundung ist bereits Achtsamkeitspraxis und bringt meistens Entspannung, Klarheit und Zufriedenheit in die Gruppe.

Die Chance zur achtsamen Auseinandersetzung im Dialog bietet ein Buch nicht. Sie lesen es allein für sich. Wenn es geschehen sollte, dass Sie an einigen Stellen verwirrt, verärgert oder misstrauisch reagieren, lade ich Sie ein, offen zu bleiben. Gehen Sie dem Auslöser auf den Grund, versuchen Sie herauszufinden, welche meiner Botschaften Sie herausfordert. Suchen Sie gegebenenfalls nach anderen Quellen, die das Thema vielleicht anders ausdrücken, damit Sie nicht die Sache selbst ablehnen müssen, sondern nur meine Art, sie zu beschreiben.

Ich wünsche Ihnen, liebe Leserinnen und Leser, von Herzen, dass Sie entdecken, wie Achtsamkeit im Berufsleben Stress mindern, Leistung verbessern und Zufriedenheit steigern kann. Wenn dieses Buch dazu beiträgt, freue ich mich sehr. Ansonsten vertraue ich darauf, dass unter 2500 Titeln am Markt eine Alternative zu finden ist, der es gelingt, Sie für die Achtsamkeitspraxis zu gewinnen.

1

Macht Sie das auch RASEND?

Menschen, die in meine Praxis oder Trainings kommen, sind neugierig und skeptisch zugleich. Sie hoffen, dass Achtsamkeit ihnen hilft, besser mit Stress klarzukommen. Und sie fürchten, dass Achtsamkeit nichts für sie ist, da sie einfach nicht still sitzen und ruhig sein können. Ich schreibe das Buch für alle, die sowohl hoffen als auch bangen, und möchte ihnen zeigen, dass Ruhe nicht die Voraussetzung für die Achtsamkeitspraxis ist, sondern ein möglicher Gewinn.

> Ruhe ist nicht die Voraussetzung für Achtsamkeitspraxis, sondern ein möglicher Gewinn.

Wenn Sie zu diesem Buch gegriffen haben, kämpfen sicherlich auch Sie mit Unruhe. Wahrscheinlich kennen Sie es, abgespannt nach Hause zu kommen, erschöpft von den Ereignissen des Tages. Nachdem Sie hierhin gehetzt und dorthin geeilt sind, verhandelt, geprüft, entschieden und umgesetzt haben, sehnen Sie sich nach Ruhe und Erholung. Aber die mag sich nicht so richtig einstellen. Obwohl Sie vielleicht auf der Couch liegen oder mit Ihrer Familie im Garten sitzen, laufen Sie immer noch auf Hochtouren. Die Gedanken halten sich nicht daran, dass Feierabend ist. Sie *rasen* weiter. Klappern To-do-Listen ab, reflektieren die Besprechung vom Vormittag oder gehen schon mal die Termine des nächsten Tages durch. Vielleicht kommt sogar noch eine SMS von einer Kollegin dazu, die Sie »nur kurz« an etwas erinnern will – gut gemeint vielleicht, aber es hält Sie davon ab, richtig abzuschalten. Vielleicht spüren Sie die Unruhe und Anspannung in jeder Pore und versuchen sich mit Fernsehen, einem Drink oder Sport herunterzubringen. Wenn Ihnen das nur kurze Entspannung verschafft, Sie sich aber nicht nachhaltig erholen, deutet alles darauf hin, dass Sie unter chronischem Stress leiden. *Denn wenn Stress über relativ lange Zeit besteht, erzeugt er Muster in unserem Denken und Verhalten, die auf Anspan-*

nung und Betriebsamkeit ausgerichtet sind und gelassene Ruhe regelrecht verhindern. Diese Muster sind stark und tief mit unserer Biologie – dem autonomen Nerven-, Herz-Kreislauf- und sensomotorischen System – verbunden. Ist erst einmal ein gewisses Maß an Stress aufgebaut, befeuern sich die Systeme gegenseitig und sorgen dafür, dass wir körperlich und geistig allzeit bereit sind und »nicht lockerlassen«.

Quellen der Anspannung

Für viele von uns lässt das Gefühl von Anspannung nie nach, weder in der Mittagspause noch nachts und häufig leider auch nicht in den Ferien. Quellen der Anspannung sind in der Arbeitswelt oft:

R ationalisierung
A llzeit bereit zu sein
S tress
E ffizienzdruck
N ie fertig zu werden
D atenflut

Dies sind nur einige Faktoren, die uns zusetzen und im wahrsten Sinne des Wortes rasend machen.

Mit erheblichen Konsequenzen für unsere Gesundheit: Blutdruck, Stoffwechsel und Hormone spielen verrückt und lösen unter Umständen Funktionsstörungen in den Organen aus. Muskel- und Halteapparat sind in permanentem Bereitschaftsmodus, was zu Verspannungen und schmerzhaften Fehlhaltungen führen kann.

Stress ist aber nicht nur gefährlich für die Gesundheit – Stress wirkt sich auch negativ auf unsere mental-emotionalen Fähigkeiten aus: In *Raserei* befinden wir uns in einem Kampf-Flucht-Modus und entwickeln einen Tunnelblick. Mit dem Effekt, dass wir uns einerseits immer mehr anstrengen, intensiver nachdenken, härter arbeiten, andererseits jedoch unser Potenzial nicht voll ausschöpfen können. Wenn wir so sehr unter Druck stehen, dass unsere Biologie auf Kampf oder Flucht umstellt, nehmen unsere mentalen und emotionalen Fähigkeiten ab. Wir sind nicht mehr offen und neugierig. Stattdessen neigen wir zu Misstrauen, Kontrolle und Schwarz-Weiß-Malerei. Unsere Fähigkeiten zu Kooperation, Scharfsinn und Kreativität nehmen drastisch ab. Gerade dies sind jedoch Kernkompetenzen, die in dieser komplexen Welt maßgeblich zu persönlichem und unternehmerischem Erfolg beitragen.

- Nehmen Sie sich einen Moment Zeit und überlegen Sie, welche mentalen Fähigkeiten Sie bräuchten, um erfolgreich zu sein.

E

R uhe

F okus

O

L

G elassenheit

Es ist wissenschaftlich erwiesen, dass wir besonders produktiv sind, wenn unser Geist ruhig, konzentriert und von ungetrübter Aufmerksamkeit ist. Das ist nicht nur für Branchen wichtig, in denen der Umgang mit Informationen im Vordergrund steht. Berufe, die sich durch eine hohe Verantwortung für andere Menschen auszeichnen, wie z. B. ÄrztInnen, Pflegepersonal, LehrerInnen oder PolizistInnen, profitieren ebenfalls von gelassener Aufmerksamkeit.

Ein wirksames Gegenmittel gegen Raserei sind die drei achtsamen Geisteszustände:

Klarheit

Konzentration

Entspannung

2

Achtsamkeit:
Wege zum Erfolg

»Den Stil verbessern,
das heißt den Gedanken verbessern.«

Friedrich Nietzsche

Achten Sie auf Ihre Gedanken

Es ist nicht zu erwarten, dass sich an dem allgemeinen Wahnsinn in der Berufswelt so bald etwas ändert. Konkurrenz, Verknappung und Unbeständigkeit werden auch in Zukunft Druck auf uns ausüben. Wie können wir dennoch, anstatt in *Raserei* zu verfallen, gelassen und fokussiert unser Erfolgspotenzial ausschöpfen?

Erfolg wird von jedem Menschen anders definiert. Was aber für uns alle gleich ist, ist die Tatsache, dass Erfolg maßgeblich von unseren Handlungen

abhängt – davon, was wir tun bzw. unterlassen, wo, mit wem und wie wir etwas tun. Erfolg entsteht im Handeln. Unser Handeln wiederum wird von unseren Entscheidungen gelenkt. Wir entschieden uns für diesen Mitarbeiter, gegen jene Investition, für dieses Produkt oder gegen jene Maßnahme. Und was zu unseren Entscheidungen führt, sind unsere Gedanken: Wertvorstellungen, Zukunftsvisionen, Erinnerungen, Meinungen und erworbenes Wissen bilden unser inneres Navigationssystem, sie zeigen an, wo die Reise hingeht.
Eine östliche Weisheit fordert dazu auf, auf die Gedanken zu achten, denn:

> Achte auf deine Gedanken,
> sie werden zu Worten.
> Achte auf deine Worte,
> sie werden zu Handlungen.
> Achte auf deine Handlungen,
> sie werden zu Gewohnheiten.
> Achte auf deine Gewohnheiten,
> sie prägen dein Leben.

Auch Wissenschaft und Forschung bestätigen einen Zusammenhang zwischen der Qualität unseres Denkens und der Qualität unseres Lebens. Sorgenvolle Grübeleien mindern z. B. unsere subjektive Lebensqualität. Wenn wir also mehr Einfluss auf unsere Gedanken nehmen könnten, läge unser persönlicher, beruflicher und gesundheitlicher Erfolg weitaus stärker als bisher in unseren eigenen Händen.

Das Steuer in die Hand nehmen

Vielleicht stöhnen Sie nun auf und protestieren: »Es kann doch nicht wahr sein, dass wieder mal alles an mir hängt?!« Und Sie haben recht. Heutzutage wird vieles, was in der Verantwortung einer Gesamtorganisation liegt, an einzelne Mitarbeiterinnen und Mitarbeiter delegiert, Gesundheitsprophylaxe beispielsweise. Selbstverständlich bringt es nur wenig, wenn Sie mit persönlichem Einsatz Ihren Rücken stärken, ein ergonomischer Bürostuhl jedoch aus Sparzwängen nicht genehmigt wird. Die Arbeitsverhältnisse sind ebenso wichtig für Leistung und Gesundheit wie das Arbeitsverhalten der Einzelnen. Auf manche Bedingungen haben wir allerdings wenig Einfluss. Wir können weder unsere Chefin ändern noch die Kunden, Kinder, Kranken, für die wir zuständig sind. Wir waren nicht an der Entscheidung beteiligt, als das Unternehmen, für das wir tätig sind, an einen ausländischen Investor verkauft wurde. Wir können nichts dafür, dass der Ausbau der Kita-Betreuungsplätze massiv in Verzug ist. *Weil es so vieles gibt, das wir nicht beeinflussen können, glauben wir häufig, Opfer der Umstände zu sein. Wir sind überzeugt, nur dann besser arbeiten und zufriedener sein zu können, wenn die Bedingungen sich ändern. Damit geben wir das Steuer aus der Hand. Tatsache ist, dass wir auf unsere Leistung und unser Wohlbefinden viel mehr Einfluss nehmen können, als wir oft denken.*

Die folgende Geschichte, frei nach einer Parabel des indischen Weisen Shantideva, erhellt diesen Zusammenhang:

Zu einer Zeit, als die Menschen noch barfuß gingen, liefen sie Gefahr, sich auf ihrem Weg zu verletzen. Es geschah immer wieder, dass sie gegen Felsen stießen, in Spalten traten oder sich auf splittrigem Boden Wunden zuzogen. Die Menschen konnten mit diesem Ungemach nicht gut umgehen. Einige wurden ärgerlich und schrien die Felsen, Spalten und Splitter an, andere verkrochen sich beleidigt in ihren Höhlen. Als immer mehr Menschen auf ihrem Weg rasend wurden, bildeten sich Arbeitskreise, Komitees und Initiativen. Man wollte die Probleme aus der Welt schaffen.

Einige versuchten alles Störende – Steine, Holzsplitter, Disteln – aus dem Weg zu räumen. So weit das Auge reichte, suchten sie die Gegend nach Hindernissen ab, um sie unschädlich zu machen. Dabei entfernten sie sich immer weiter von dem Weg, den sie ursprünglich gehen wollten. Sie waren zu sehr mit Aufräumen beschäftigt. Einige von ihnen brachen vor Erschöpfung zusammen und gaben auf.

Andere entschieden sich, die Landschaft vollständig mit einem Samtstoff zu überziehen, um überall auf weichem Boden laufen zu können. Weil es jedoch unmöglich war, die ganze Welt damit auszukleiden, wurde ihr Lebensraum sehr klein.

Eines Tages kam ein Mensch auf die Idee, ein Stück Leder um seinen Fuß zu binden. Von nun an war er geschützt und konnte sich frei bewegen. Er lief mit großem Vergnügen durch die Welt, entdeckte neue Landschaften, traf andere Völker und erweiterte seinen Horizont. Seine Sohlen und Fesseln ebenso wie sein gesamter Körper wurden kräftig und beweglich, sodass er auch zupacken konnte, wenn doch einmal ein Fels versetzt werden musste. Gelassen und zufrieden wanderte er auf seinem Weg, bereit zu handeln, sobald sich ihm etwas in den Weg stellte, jedoch ohne seine Richtung zu verlieren.

... so wird ein Schuh draus

Achtsamkeit ist wie dieses Stück Leder in der Geschichte. Ein Hilfsmittel, das hilfreiche Einstellungen und Fähigkeiten bereithält und uns einen Weg weist, konstruktiv mit Schwierigkeiten umzugehen. Insofern verhindert Achtsamkeit nicht, dass Sie vor Hindernissen oder an Abgründen stehen und vielleicht auch einmal stolpern.

Achtsamkeit schützt Sie davor, sich in den Schwierigkeiten zu verlieren, sie schärft Ihre Aufmerksamkeit für die wirklich wichtigen Dinge, macht Sie weniger anfällig für Sorgen und mobilisiert Ihre Kräfte, wenn es darauf ankommt.

Wenn Sie Achtsamkeit kultivieren, wird sie – wie dieses Stück Leder – zu Ihrer zweiten Haut. Dann ist es auch kein Problem, wenn um Sie herum alles *rast*. Sie haben das Steuer fest in der Hand und finden Ihren Weg. Sie bleiben ruhig und konzentriert und finden Antworten, Lösungen und Auswege. Und Sie gewinnen Zeit und Raum, um wie die Person in der Geschichte die Welt zu entdecken und immer weiter und tiefer in sie hineinzuwandern.

Ganz bei der Sache bleiben

Wenn Sie finden, dass Ihr Berufsleben recht steinig ist, Probleme, Hindernisse und Abgründe dazugehören, dann werden Sie davon profitieren, sich mithilfe der Achtsamkeit für diese Welt zu wappnen.

Wenn es außerdem stimmt, dass unser Denken darüber entscheidet, wie wir handeln, dass unsere Gedanken darüber entscheiden, wie wir leben und arbeiten, wenn es also stimmt, dass unsere Gedanken wesentliche Ursache für Zufriedenheit, Gesundheit und letztlich auch Erfolg sind, sollten wir uns fragen, ob wir Herr unserer Gedanken sind.

NEHMEN SIE SICH ZEIT

Volle Konzentration

- Wenn Sie mögen, können Sie an dieser Stelle einmal selbst testen, wie weit Sie Ihr Denken unter Kontrolle haben. Stellen Sie sich einen Wecker / Timer auf 45 Sekunden. Tun Sie in diesen 45 Sekunden nichts anderes, als Ihren Atem zu beobachten. Lassen Sie sich von nichts ablenken, weder von Geräuschen noch von Gedanken. Bleiben Sie einfach 45 Sekunden mit Ihrer vollen Aufmerksamkeit bei der Atmung.

Waren Sie erfolgreich? Hatten Sie Ihre Gedanken im Griff und konnten Sie mit Ihrer Aufmerksamkeit voll und ganz bei der Atmung bleiben? Oder haben Sie, statt den Atem wahrzunehmen, Gedanken gedacht? Vielleicht dachten Sie: »Wie langweilig!« oder »Wozu soll das gut sein?« Obwohl die Aufgabenstellung klar und simpel ist, gibt es kaum jemanden, dem dabei nicht Gedanken in den Sinn kommen.

Eine Untersuchung konnte nachweisen, dass wir durchschnittlich 46,9 % unserer wachen Zeit gedanklich nicht bei den Dingen sind, die wir gerade tun oder denken wollen.[1]

Wenn ich diese kleine Übung mit Klienten mache, fallen häufig Sätze wie:

- »Ich war erstaunt, wie schnell mein Atem war« – also waren da Gedanken, die den Atem beurteilt und kommentiert haben.
- »Ich musste daran denken, was ich an meiner Präsentation für morgen noch ändern muss« – also waren da Gedanken, die Zukunftspläne verfolgt haben.
- »Ich war in Gedanken bei der Teambesprechung von heute Morgen« – also waren da Gedanken, die in die Vergangenheit abgeschweift sind.

Wie war es für Sie? Welche Gedanken sind in Ihrer Übung aufgetaucht? Waren Sie auch mit Vergangenheit, Zukunft, Analyse oder Kommentaren beschäftigt? Willkommen im Club. Wenn Sie beobachten, dass da Gedanken sind, auch solche, die Ihnen erst im Nachhinein bewusst werden, ist das ein sicheres Zeichen dafür, dass Sie durch und durch Mensch sind. Der menschliche Geist denkt permanent nach – über das, was ist, über das, was war, über das, was kommt. Er kommentiert, evaluiert und vergleicht, ohne dass wir das bewusst veranlasst hätten. Es geschieht einfach.

Obwohl Sie es wahrscheinlich beabsichtigt hatten, konnten Sie nicht für 45 Sekunden ganz bei der Sache bleiben. Ihre Aufmerksamkeit ist auf Wanderschaft gegangen, ohne dass Sie das gewollt haben.

Sobald wir abschweifen, springt der Autopilot an

Solche sprunghaften Bewegungen sind typisch für Gedanken. Sie führen uns hierhin und dorthin und verleiten uns zu allen möglichen Dingen. Ich kann mich noch gut daran erinnern, wie ich mich in meiner Zeit als Studienleiterin an einer Filmhochschule einmal angeregt mit einem Kollegen im Aufzug unterhielt. Als ich ausstieg, bemerkte ich, dass ich in den falschen Stock gefahren war. Bei der Überlegung, wie es dazu hatte kommen können, wurde mir bewusst, dass ich mich auch an die Unterhaltung mit dem Kollegen nur noch bruchstückhaft erinnern konnte. Ich musste bei der Fahrt im Aufzug irgendwie abwesend gewesen sein. Später erhielt ich eine E-Mail von ihm. Er bedankte sich dafür, dass ich die fehlenden Infos ergänzen würde, die zur Präsentation im Anhang gehörten, wie ich es offenbar im Aufzug zugesagt hatte. Ich war entsetzt. Wie war es zu diesem Versprechen gekommen? Ich hatte doch gar keine Zeit!? Und die fraglichen Informationen würde ich mir auch erst mühsam zusammensuchen müssen.

Offenbar war mein innerer Autopilot angesprungen. In diesen Jahren sorgte er dafür, dass ich, unbewusst und ohne zu zögern, Hilfe anbot, wenn andere unter Druck standen. Anscheinend war mein Autopilot davon überzeugt, dass ich grundsätzlich verantwortlich sei, moralisch in der Pflicht stehe und auch fachlich so ziemlich jeden Job erledigen könne, der mir angetragen wurde. 2007 hat mir eine Erschöpfungsdepression mit Angstattacken vor Augen geführt, dass er sich irrte. Ich bin nicht für alles verantwortlich. Ich bin außerdem viel effektiver und besser in allem, was ich tue, wenn ich meine Möglichkeiten und meine Grenzen realistisch einschätze und meine Handlungen und Entscheidungen danach richte. Die Achtsamkeitspraxis hilft mir heute, mit meinen körperlichen, geistigen und emotionalen Ressourcen sinnvoller umzugehen.

Licht ins Dunkel bringen

»Die gefährlichste Weltanschauung ist die Weltanschauung derer, die die Welt nie angeschaut haben.«

Alexander von Humboldt

Unser Alltagsbewusstsein gleicht einer lichtlosen Höhle. Die meisten Erfahrungen, Entscheidungen und Handlungen laufen wie erwähnt im Autopilot, also unbewusst und automatisch ab. Quasi im Dunkeln. Für viele Lebenssituationen ist dies durchaus sinnvoll: Stellen Sie sich nur einmal vor, Sie müssten sich bei jedem einzelnen Schritt bewusst machen, welche Muskeln anzusteuern sind, um das Knie zu beugen, den Fuß zu heben und beim Senken die Sohle abzurollen. Sie würden verrückt werden und keinen Fuß vor den anderen setzen. Wenn wir auf einer Hauptverkehrsstraße fahren und vor uns springt die Ampel auf Rot, treten wir automatisch auf die Bremse. Wir machen uns nicht bewusst, dass das rote Licht, das auf unsere Netzhaut fällt, von einem Apparat stammt, den wir in Deutschland Ampel nennen und der den Verkehr regelt. Wir machen uns auch nicht erst bewusst, welche Geldbuße fällig wäre, wenn wir die

Ampel überfahren, bevor wir bremsen oder Gas geben. Diese komplexe Situation aufeinander abgestimmter Einzelreaktionen läuft vollkommen automatisch ab. Sie setzt sich aus einer Sinneserfahrung (Sehen der roten Ampel), einer Deutung der Sinneserfahrung (rote Ampel heißt Stopp) und dem darauf abgestimmten Verhalten (Bremsen oder Gas geben) zusammen. Dieses Verhalten gründet auf unserem »Wissen über rote Ampeln, Verkehrsregeln und Autofahren«, das tief in unserem Bewusstsein gespeichert ist. Solche komplexen Vorgänge aus Erleben, Interpretieren und Handeln laufen in unserer Bewusstseinshöhle permanent ab, ohne dass wir es bemerken oder bewusst steuern.

Schlafwandlerisch stützt sich unser Verhalten auf das unbewusste »Wissen« im Dunkeln. Gerade so, wie sich ein Blinder auf seinen Krückstock stützt. Das tun wir allerdings auch in Situationen, die etwas anders gelagert sind als das Rotwerden der Ampel. So könnte es z. B. passieren, dass wir eine neue Abteilungsleiterin bekommen und diese äußerlich und in der Art zu sprechen unserer verhassten Mathelehrerin aus der Oberstufe ähnelt. Wenn uns nicht bewusst wird, dass die Sinneserfahrung (Hören der Stimme, Sehen der äußeren Erscheinung) mit einer Erinnerung (Mathelehrerin) und der verkoppelten Deutung (grauenvolle Person) verknüpft wird, und wir unserem Gehirn erlauben, auf Autopilot zu fahren, wird es sich gewohnheitsmäßig so verhalten, wie es sich auch früher in der Schule verhalten hat (in meinem Fall wäre das Boykottieren und Provozieren), und wir werden einen schweren Start mit unserer neuen Chefin haben.

Der Autopilot schränkt unser Potenzial ein. Statt der neuen Abteilungsleiterin offen zu begegnen, reagieren wir auf längst vergangene Erfahrungen mit Misstrauen und Ablehnung. Weil unser Geist in der Vergangenheit weilt, ist unsere Zusammenarbeit in der Gegenwart anstrengend und unfruchtbar. Und darunter leiden vor allen Dingen wir selbst. Wenn wir unsere Gedanken und die mentalen Abläufe etwas besser durchschauen können, erkennen wir den Zusammenhang zwischen Erinnerung (Vergangenheit) und spontaner Ablehnung (Gegenwart). Wir können uns von der Vergangenheit distanzieren und im Hier und Jetzt präsent sein.

Es werde Licht!

Achtsamkeit gleicht einer Taschenlampe, die mit ihrem Lichtkegel die Höhle des Bewusstseins abtastet und einzelne Gedanken, Gefühle und Körperempfindungen mit ihrem Schein umfängt. Im Licht werden sie bewusst, sie können von uns exakter wahrgenommen werden, bekommen Konturen und Facetten. Wir erkennen, was wir sehen, hören, spüren, und können getrennt davon wahrnehmen, welche Gedanken und Gefühle damit einhergehen. Mit Achtsamkeit würde uns auffallen, dass die neue Abteilungsleiterin zwar eine ähnliche Stimme hat und auch ihre Mimik uns an die Mathelehrerin von damals erinnert. Aber wir wüssten sofort, dass da Erinnerungen aus der Vergangenheit auftauchen und dass es nicht sinnvoll ist, mit den Gefühlen und Verhaltensweisen von damals auf die Chefin von heute zu reagieren. Wir könnten neugierig schauen, was diese neue Kollegin kann, sagt und tut. Wir könnten auf diese Gegenwart reagieren statt auf die Vergangenheit mit der Mathelehrerin.

Jeder Mensch erlebt Momente der Achtsamkeit. Momente, in denen wir ganz präsent sind und bewusst die Gegenwart erleben. Allerdings sind diese Momente eher selten und zufällig. Unsere alltägliche Achtsamkeit ist wie der zittrige Schein einer sehr kleinen Taschenlampe in einer mächtigen, dunklen Höhle. Mit Übung können Sie Ihre eigene Flutlichtanlage bauen.

»Das Verhältnis von unbewussten zu bewussten Wahrnehmungen und Gedanken entspricht bildlich gesehen dem Verhältnis von 11 Kilometern zu 15 Millimetern.«

Vera F. Birkenbihl

NEHMEN SIE SICH ZEIT

- Denken Sie für einen Moment darüber nach, in welchen beruflichen Situationen es hilfreich ist, sich gewohnheitsmäßig per Autopilot zu bewegen, und in welchen Situationen es vielleicht besser wäre, ganz unvoreingenommen und offen zu sein.
- Fragen Sie sich, welche Folgen es hat, wenn Sie tendenziell keine 45 Sekunden bei der Sache – dem Atem – bleiben können. Wie konzentriert sind Sie dann wohl bei den Aufgaben, die Sie erledigen wollen? Wie präsent sind Sie für Kollegen, Kunden, Ihre Familie? Wie geistesgegenwärtig sind Sie in brenzligen Situationen? Wer oder was treibt Sie an, wenn Sie auf Autopilot fahren, wer fällt Ihre Entscheidungen? Wer arbeitet Ihre Arbeit, lebt Ihr Leben?

Achtsamkeit heißt aufmerksam zu werden, den Autopiloten auszuschalten und selbst wieder hinter dem Steuer unseres (Berufs-)Lebens Platz zu nehmen.

Weniger ist mehr

Wenn wir permanent mit Gedanken beschäftigt sind und in unserem Gehirn viele Dinge gleichzeitig ablaufen, springen, wandern und sich miteinander verknüpfen, ohne dass wir Kontrolle darüber haben, hat das einen ähnlichen Effekt, als wären bei einem Computer viele Programme gleichzeitig geöffnet. Die Konsequenzen sind bekannt: Wenn Word, Excel, Powerpoint, Outlook, Kalender und Mediaplayer parallel laufen, wird der Computer erst langsamer, dann gibt es Fehlfunktionen, und zu guter Letzt friert er ein. Er hängt sich auf und nichts geht mehr. Obwohl er auf Hochtouren läuft, brummt und summt, verliert er seine Leistungsfähigkeit und liefert nicht die Ergebnisse, die wir von ihm erwarten und zu denen er grundsätzlich auch fähig ist.

Ebenso geht es uns – wenn wir keine Kontrolle über unser Denken haben und der Geist sämtliche Schubladen gleichzeitig öffnet. Das Denken läuft dann ohne sinnvolle Ergebnisse auf Hochtouren. Es ist, als würden wir gleichzeitig auf Gaspedal und Bremse stehen. Das verbraucht Energie, macht unruhig und müde, Fehler nehmen zu und bedauerlicherweise führt es bei immer mehr Menschen zu einem Zusammenbruch, wie steigende Zahlen von stressbedingten Erkrankungen deutlich machen.

Achtsamkeit wirkt drohender Überlastung entgegen: Sie fördert u.a. die Konzentrations- und Wahrnehmungsfähigkeit. Wenn unsere Aufmerksamkeit stabiler wird und wir uns nicht so leicht ablenken und mitreißen lassen, nimmt auch die Entspannung im Organismus zu. Wir werden gelassen und ruhig und kommen in die Lage, konzentriert zu denken und zu handeln. Damit erreichen wir auch bessere Ergebnisse.

Da der menschliche Geist jedoch evolutionär bedingt (also aufgrund der Entwicklungsgeschichte durch die Jahrhunderttausende seit der Menschwerdung) einen sogenannten *monkey mind* hat, der erregt und rastlos wie ein Affe von einem Ast bzw. Gedanken zum nächsten springt, müssen wir Achtsamkeit üben. Wie man das macht, zeige ich Ihnen im nächsten Kapitel.

3

Das ABC des Achtsamkeitstrainings

Die folgende ABCD-Übung ist die Basisübung. Wenn Sie so wollen, das ABC der Achtsamkeitspraxis. Die vier Buchstaben stehen für die wesentlichen Schritte der Übung. (Da diese Eselsbrücke im Rahmen von The Potential Project auf Englisch entwickelt wurde, bitte ich Sie beim C um ein wenig Nachsicht.)

GRUNDLAGEN DES ACHTSAMKEITSTRAININGS

A	B	C	D
Aufrechte Haltung	Bauchatmung	Zählen	Denken bemerken

Aufrechte Haltung

Setzen Sie sich aufrecht auf Ihren Stuhl, die Füße flach am Boden. Legen Sie Ihre Hände auf den Oberschenkeln ab. Nehmen Sie den Kontakt zum Boden und zum Stuhl wahr. Wenn Sie Verspannungen im Schulter-Nacken-Bereich verspüren, machen Sie ein paar kreisende Bewegungen mit den Schultern in beide Richtungen, ziehen Sie anschließend die Schultern hinauf zu den Ohren und lassen Sie sie mit der Ausatmung nach hinten unten sinken. Lassen Sie Schultern und Arme nun entspannt hängen, gestützt von den Händen auf den Oberschenkeln.

Entspannen Sie Ihre Gesichtsmuskeln und schließen Sie die Augen. Wenn Ihnen das unangenehm ist, können Sie einen Schleierblick vor sich auf den Boden richten. Lassen Sie dabei ein wenig Licht in Ihre weichen Augen fallen, ohne dabei scharf zu stellen.

Achten Sie auf ein angenehmes Maß von Lockerheit und Tonus in Ihrer Rückenmuskulatur. Wenn Sie gar keine Spannung aufbauen, sinken Sie in sich zusammen, dadurch wird der Atem eingeengt, Sie bekommen weniger Sauerstoff und werden schläfrig. Wenn Sie sich zu steif machen, werden die Muskeln hart und tun nach einer Weile weh. Lassen Sie sich aufmerksam werden für das rechte Maß.

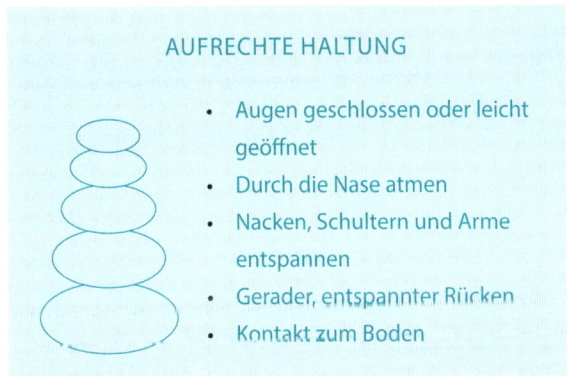

AUFRECHTE HALTUNG

- Augen geschlossen oder leicht geöffnet
- Durch die Nase atmen
- Nacken, Schultern und Arme entspannen
- Gerader, entspannter Rücken
- Kontakt zum Boden

Bauchatmung

Richten Sie nun Ihre volle Aufmerksamkeit auf die Atembewegungen, die Sie im Bauch wahrnehmen: das Heben und Senken der Bauchdecke. Lassen Sie den Atem so fließen, wie er es von sich aus tut. Dies ist keine Atemübung, in der Sie den Atem vertiefen, verlängern oder auf eine andere Weise beeinflussen. Der Atem ist einfach das »Objekt«, auf das Sie Ihre volle Aufmerksamkeit richten. Er ist der Anker, zu dem Sie jederzeit zurückkehren können, wenn Sie abgeschweift sind. Versuchen Sie, dem Geschehen so neutral und offen wie möglich gegenüber zu sein, ohne Absichten, ohne Urteile. Als würden Sie die kleinen Wellen am Ufer eines Flusses beobachten. So üben Sie sich in gelassener Beobachtung und schulen Ihre Konzentration. Wenn Sie die Bewegungen des Atems an der Bauchdecke nicht gut spüren, können Sie auch eine oder beide Hände entspannt auf den unteren Bauch legen, dadurch wird die Wahrnehmung oft deutlicher. Wenn die Beobachtung des Atems in der Bauchgegend dennoch schwierig für Sie ist, können Sie Ihren Atem auch an der Nasenspitze aufspüren und dort mitverfolgen.

BAUCHATMUNG

Atem
als Anker

Bewegungen
an der Bauch-
decke spüren

Absichtslos,
offen

C wie »Zählen«

Zählen Sie jeden Atemzug: Einatmen, ausatmen eins. Einatmen, ausatmen zwei. Einatmen, ausatmen drei. Zählen Sie auf diese Weise Atemzug für Atemzug bis zehn und anschließend Atemzug für Atemzug rückwärts bis eins.

Wann immer Sie bemerken, dass Sie aus dem Rhythmus gekommen sind, vergessen haben zu zählen, falsch oder zu weit gezählt haben, beginnen Sie wieder mit eins.

Das Zählen verbindet Ihre geistige Aktivität mit dem Objekt Ihrer Aufmerksamkeit, der Erfahrung des Atmens.

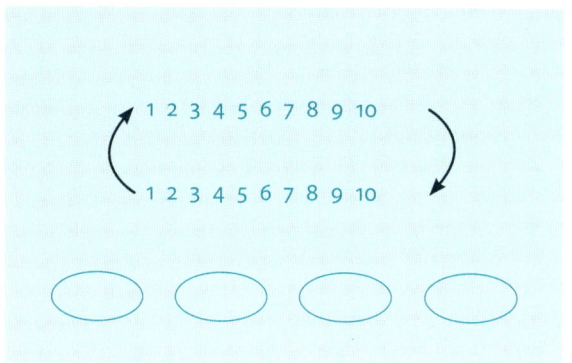

Denken

Es ist ganz sicher damit zu rechnen, dass während der Übung Gedanken auftauchen. Gedanken entstehen in der Verarbeitung von äußeren Reizen, die durch unsere fünf Sinne zu uns kommen: Hören, Riechen, Schmecken, Sehen, Tasten. Und sie entstehen außerdem in der Verarbeitung von inneren Reizen wie Körperempfindungen, Gefühlen und Gedanken. Wann immer Sie mitbekommen, dass Ihre Aufmerksamkeit mit Gedanken spazieren gegangen ist, führen Sie sie sanft, aber bestimmt zurück zur Atembetrachtung. Richten Sie Ihre Aufmerksamkeit dann wieder ganz auf das Heben und Senken der Bauchdecke und zählen Sie den nächsten Atemzug.

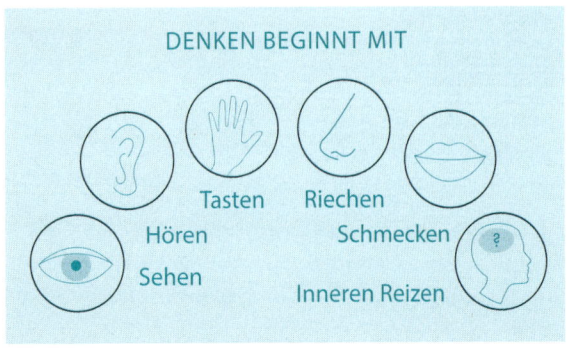

DENKEN BEGINNT MIT

Tasten   Riechen

Hören   Schmecken

Sehen

Inneren Reizen

- Ich möchte Sie einladen, die ABCD-Übung nun auszuprobieren. Sie können sie fünf Atemzüge lang machen, Sie können sie fünf oder 50 Minuten lang praktizieren. Mit regelmäßiger Übung werden Sie entspannter, konzentrierter und sehen die Dinge klarer.

  Wenn Sie Achtsamkeit nicht nur testen, sondern trainieren wollen, empfehle ich für den Beginn eine Übungszeit von täglich zehn Minuten.

Work-out für Ihren Aufmerksamkeitsmuskel

Bei der ABCD-Übung werden Sie immer wieder abschweifen. Etwas wird Ihre Aufmerksamkeit vom Atem wegziehen. Ein Geräusch, ein Gedanke, ein Ziehen im Körper. Das Abschweifen ist menschlich und wir können es nicht einfach abstellen. Was wir jedoch trainieren können, ist eine zunehmende Stabilität der Aufmerksamkeit und die gezielte Rückkehr zum Fokus. Und damit trainieren Sie das Gehirn – Ihren Aufmerksamkeitsmuskel. Wenn Sie an ein Work-out im Fitnessstudio denken, dann können Sie Muskeln auf zweierlei Arten kräftigen. Entweder, indem Sie die Muskeln im Wechsel anspannen und lösen, also viele Wiederholungen machen. Oder indem Sie eine Kontraktion besonders lange halten.

Da es zu Beginn schwierig ist, die Konzentration ohne Unterbrechung bei der Atmung zu halten, nutzen Sie einfach den Effekt der Wiederholung und kehren Sie immer wieder zur Atembetrachtung zurück. Je häufiger Sie Ihre Aufmerksamkeit zurück zur Atmung lenken, desto stabiler wird sie.

Mit der Zeit bemerken Sie früher, dass Sie abgeschweift sind, Sie können leichter zurückkehren und länger beim Atem verweilen.

NEHMEN SIE SICH ZEIT

- Denken Sie für einen Moment darüber nach, wie sich die Fähigkeit, die Aufmerksamkeit bewusst auf eine Aufgabe zu richten und ganz bei der Sache zu sein, in Ihrem Arbeitsleben bemerkbar machen würde. In welchen Situationen wäre es gut, etwas weniger ablenkbar zu sein? Wünschen Sie sich z. B., Unterbrechungen leichter wegstecken und sich schneller wieder auf wichtige Angelegenheiten fokussieren zu können?

4

Effizient arbeiten:
entspannt - fokussiert - klar

»Wir könnten weniger und kürzer arbeiten, wenn
wir intelligenter arbeiten würden.«

Jon Kabat-Zinn

Multitasking

Unsere Arbeitswelt hat sich mit dem Wechsel vom
Industrie- zum Informationszeitalter entschieden
verändert. Bis kurz vor der Jahrhundertwende
mussten wir unsere Aufmerksamkeit häufig nur
auf einen einzelnen Informationsstrom gleichzeitig
richten. Was immer unsere Aufgabe war, Telefonieren, Schreiben, Schrauben, Behandeln oder
Verhandeln – unsere Aufmerksamkeit konnte sich
oft voll und ganz auf diese eine Tätigkeit konzentrieren.

Seitdem die Digitalisierung auch die Kommunikationstechnologie und allgemeine Datenverarbeitung erfasst hat, ist das anders. Unabhängig davon, ob wir einer Beschäftigung am Computer, am Krankenbett oder in einem Verhandlungszimmer nachgehen – wir werden permanent mit Informationen aus verschiedenen Richtungen gleichzeitig bombardiert.

Die Tatsache, dass Informationen heute an sieben Tagen die Woche 24 Stunden lang simultan und durch verschiedene Kanäle parallel gesendet werden können, hat die Erwartungshaltung hervorgebracht, jederzeit erreichbar zu sein, und viele von uns glauben, auf jede Information unmittelbar reagieren zu müssen.

Doch mit welchen Folgen für unseren Organismus und unsere Leistung? Aus neurologischer Sicht versucht das menschliche Gehirn der Datenflut Herr zu werden, indem es alles gleichzeitig bearbeitet. Es erledigt die Dinge im Modus des Multitasking.

Lassen Sie uns einmal einen genaueren Blick auf die Arbeitsweise des Multitasking werfen. Schließlich wurde sie in den vergangenen Jahrzehnten als Kernkompetenz für Höchstleistung und Erfolg geadelt und hat sich als Goldstandard im Berufsleben durchgesetzt.

Unabhängig davon, ob Sie sich selbst für eine gute Multitaskerin bzw. einen guten Multitasker halten oder nicht, wird das folgende Experiment vermutlich erhellend für Sie sein.

Multitasking in der Praxis

Für dieses Experiment benötigen Sie ein weißes DIN-A4-Blatt, einen Stift und eine Stoppuhr. Es läuft in zwei Schritten ab. Stoppen Sie für beide Schritte die Zeit, die Sie jeweils zur Durchführung brauchen.

Zeichnen Sie zu Beginn auf das querliegende Blatt Papier vier Linien, die Ihnen als Schreiblinien dienen (siehe auch nächste Seite).

1. Schritt

- Sobald die Stoppuhr läuft, schreiben Sie in Druckbuchstaben auf die oberste Linie: »Ich liebe Multitasking« und auf die zweite Linie alle Ziffern einzeln von 1 bis 20. Schreiben Sie korrekt, ohne Abkürzungen und so schnell Sie können. Notieren Sie anschließend Ihre gestoppte Zeit.

1 2 3 4 5 6 7 8 9 10 11 12 13 14 15 16 17 18 19 20

2. Schritt

- Sobald die Stoppuhr erneut läuft, schreiben Sie jeweils im Wechsel auf die dritte und vierte Linie: Beginnen Sie mit dem Buchstaben I von »Ich« auf der dritten Linie, schreiben Sie dann die Ziffer 1 auf die vierte Linie. Schreiben Sie als Nächstes c auf die dritte Linie und 2 auf die vierte Linie.

Ich liebe Multitasking

1 2 3 4 5 6 7 8 9 10 11 12 13 14 15 16 17 18 19 20

I c h

1 2

So fahren Sie fort, bis Sie quasi simultan beide Linien beschrieben haben und auf der dritten Linie wieder »Ich liebe Multitasking« steht und auf der vierten Linie die Ziffern 1 bis 20. Stoppen Sie Ihre Zeit.

Auswertung

● Welcher Durchgang hat länger gedauert?

1. ❏   2. ❏

In unseren Kursen geben die meisten TeilnehmerInnen an, dass sie für den zweiten Durchgang ungefähr doppelt so lange brauchten wie für den ersten.

● Haben Sie oder hätten Sie beinah einen Fehler gemacht?

Im 1. Durchgang ja ❏   nein ❏
Im 2. Durchgang ja ❏   nein ❏

Die meisten Menschen sind fehlerfrei im ersten Durchgang, machen aber im zweiten Durchgang Fehler oder zumindest beinahe.

● Hatten Sie den Eindruck, im zweiten Durchgang angespannter zu sein als im ersten?

ja ❏   nein ❏

Die meisten Menschen verspüren im zweiten Durchgang Anstrengung. Einige erleben die erhöhte Anspannung als Vergnügen an der Herausforderung.

Keine Vorteile, viele Nachteile

Nun mögen Sie einwenden, dass das kein echtes Multitasking war, sondern ein Springen von einer Aufgabe zur nächsten und zurück. Und vielleicht sind Sie davon überzeugt, dass Sie selbst durchaus in der Lage sind, mental mehrere Dinge gleichzeitig zu tun, die Ihre Aufmerksamkeit erfordern, z. B. zu telefonieren und währenddessen eine E-Mail zu schreiben. Aus neurologischer Perspektive trifft das nicht zu. Wir verlagern unsere Aufmerksamkeit laufend von einem mentalen Vorgang zum nächsten. Unsere Finger mögen die Buchstaben schreiben, aber mental sind wir nicht bei der Sache, wenn wir gleichzeitig telefonieren. Die mentale Aktion geht hin und her, zugegebenermaßen in extrem kurzer Zeit. Und insofern ist es der Definition nach tatsächlich Multitasking, wenn man den Begriff verwendet, wie er in der Computertechnologie ursprünglich eingeführt wurde:

Der Begriff Multitasking (engl.) bzw. Mehrprozessbetrieb bezeichnet die Fähigkeit eines Betriebssystems, mehrere Aufgaben (Tasks) (quasi-)nebenläufig auszuführen. Die verschiedenen Prozesse werden in so kurzen Abständen immer abwechselnd aktiviert, dass der Eindruck der Gleichzeitigkeit entsteht. *(Wikipedia)*

Es entsteht also nur der *Eindruck* der Gleichzeitigkeit. In Wahrheit ist es ein Hin-und-her-Springen von einer Aktion zur nächsten. Das hat auf lange Sicht erhebliche Nachteile. Zusammengefasst kamen verschiedene Studien zu folgenden Ergebnissen:

Multitasking senkt die Produktivität

Das Umschalten von einer geistigen Aktion zur nächsten kostet Zeit. Es dauert eine Weile, bis die Aufmerksamkeit sich wieder voll und ganz auf den gewählten Gegenstand fokussiert (mehr dazu im Kapitel E-Mails).

Multitasking verschlechtert die Qualität

Die Fehleranfälligkeit steigt. Nicht zuletzt, weil wir bereits denken, schreiben, reden, bevor wir die volle Aufmerksamkeit auf den Inhalt gerichtet haben.

Multitasking beeinträchtigt die Kreativität

Durch permanentes Hin-und-her-Schalten zwischen mentalen Ereignissen und Aufgaben wird das Gehirn durchweg mit neuen Informationen gefüttert. Die für Kreativität notwendigen Leerläufe, in denen ein Geistesblitz auftauchen kann, fehlen (mehr dazu im Kapitel Pausen).

Multitasking erschwert Übersicht und Priorisierung

Denken Sie nur an das Surfen im Internet. Dort springen Sie ebenfalls von einem Pop-up-Fenster oder Schlagwort zum nächsten. Ich bin z. B. schon einmal mit der Absicht, einen Urlaubsort zu recherchieren, gestartet und landete zum Schluss beim Kauf eines Krimis. Je mehr Dinge wir gleichzeitig tun, desto schneller verlieren wir den Faden.

Multitasking verschwendet Energie

Wenn unser Gehirn die Aufmerksamkeit zwischen verschiedenen Elementen hin und her verlagert, verbraucht das mehr Energie, als wenn die Aufmerksamkeit in ruhigen Bahnen des Bewusstseins fließt.

Multitasking greift unser Wohlbefinden an

Durch andauernde Anspannung wird unser Organismus in Stress versetzt mit negativen Folgen für Stimmung, Organe, Stoffwechsel, Hormonproduktion und Muskel-/Halteapparat.

Was wir oft tun, können wir besonders gut

Das Fatalste ist: Je häufiger wir Aufgaben im Multitasking-Modus erledigen, desto besser werden wir in dieser schädlichen Arbeitsweise. Wir erziehen unser Gehirn zu Unstetigkeit. Wir fördern unseren *monkey mind*. Durch regelmäßiges Multitasking im Joballtag trainieren wir Zerstreutheit, Ablenkbarkeit, Konzentrationsschwäche, Unaufmerksamkeit. Allesamt beste Voraussetzungen für abnehmende Leistung und schlechter werdende Gesundheit.

2009 sollten Wissenschaftler der Universität Stanford die Vorteile von Multitasking untersuchen. Ergebnis der Studie: Es gibt keine Vorteile, dafür aber messbare und handfeste Nachteile: Multitasking ist langsamer, fehleranfällig und raubt Energie.[2]

Eine neue Art zu arbeiten

Wenn Multitasking nicht der Weg ist, um mit Anforderungen klarzukommen und dabei gute Leistung abzuliefern, welche Arbeitsweise wäre erfolgreicher?

Wie können wir Entspannung, Konzentration und Klarheit im Arbeitsalltag fördern?

Beherzigen Sie die beiden folgenden Regeln.

2 Achtsamkeitsregeln für effizientes Arbeiten

Regel #1
Bleiben Sie bei der Sache, für die Sie sich entschieden haben

Im ABCD-Training richten wir die Aufmerksamkeit auf die Atmung. Die Atembewegungen sind das Objekt unserer Aufmerksamkeit. Im Job könnte es ein Schriftsatz, ein Gespräch, eine Anwendung sein, die Sie erledigen wollen. Wechseln Sie von Multitasking zu Achtsamkeit und richten Sie Ihre volle Aufmerksamkeit bewusst auf diesen einen Gegenstand. Das klingt einfach, wie wir jedoch bereits gesehen haben, geschieht es allzu leicht, dass unsere Aufmerksamkeit abschweift und wir mit Gedanken auf Wanderschaft gehen.

Im Berufsleben könnte es z.B. sein, dass Sie im Büro sitzen und einen Bericht schreiben. Nebenan unterhalten sich zwei Kolleginnen über Erlebnisse vom Wochenende. Ihre Ohren hören, Ihr Geist wird neugierig und ehe Sie sich's versehen, hat sich Ihre Aufmerksamkeit von Ihrem Bericht entfernt und an die Unterhaltung der Kolleginnen geheftet. Regel #1 anzuwenden heißt, die Ablenkung zu bemerken, sich mental von der Unterhaltung zu lösen und ganz bewusst zum Bericht zurückzukehren. Das ist exakt, was Sie in der ABCD-Übung trainieren: Konzentration auf die Atmung – Abschweifen bemerken – Rückkehr zur Atembetrachtung. Wenn Sie sowohl die ABCD-Übung praktizieren als auch in Alltagssituationen üben, bei der Sache zu sein, wird sich Ihre Konzentrationsfähigkeit verbessern. Zum Vorteil von Produktivität, Qualität und Wohlbefinden.

Nichtsdestotrotz: Die Theorie der Regel #1 ist simpel, die Umsetzung aber nicht einfach. Vielleicht erschrecken Sie zu Beginn darüber, wie häufig Sie abgelenkt werden. Sehen Sie es nicht als Scheitern, sehen Sie es als willkommene Gelegenheit, die Rückkehr zu üben und Ihren Aufmerksamkeitsmuskel zu trainieren.

Nun mag es geschehen, dass Sie an Ihrem Bericht sitzen und die Umgebung erfolgreich ausblenden können. Sie bekommen nichts mit von den Unterhaltungen, Geräuschen und Bewegungen um Sie herum und sind voll bei der Sache. Da tritt Ihre Chefin an Ihren Tisch und will Sie über Entscheidungen aus einem Meeting informieren, die Auswirkungen auf Ihren Bericht haben. Wenn Sie sich nun an Regel #1 halten und Ihre Chefin ebenso wenig beachten wie die Unterhaltung der Kolleginnen, bekommen Sie Probleme. Die Chefin ärgert sich, der Bericht geht an der Realität vorbei, Sie müssen noch mal von vorn anfangen. Regel #1 ist gut und wichtig, aber sie hat ihre Grenzen. Daher muss sie durch Regel #2 ergänzt werden.

Regel #2
Entscheiden Sie bewusst, welcher Ablenkung Sie nachgeben

Sobald Sie von etwas abgelenkt werden, das höhere Priorität hat als das aktuelle Objekt Ihrer Aufmerksamkeit, entscheiden Sie sich für diese Ablenkung. Verlagern Sie Ihre Aufmerksamkeit voll und ganz hin zur Ablenkung und machen diese zum Gegenstand Ihrer Aufmerksamkeit. Jetzt greift wieder Regel #1.

Wenn also Ihre Chefin an Ihren Schreibtisch herantritt, versuchen Sie nicht, per Multitasking sowohl ihr zuzuhören als auch am Bericht weiterzuschreiben. Lösen Sie Ihre Finger von der Tastatur, wenden Sie sich ganz Ihrer Chefin zu, richten Sie Ihre volle Aufmerksamkeit auf das, was sie sagt, und seien Sie voll bei der Sache. Das dient der Beziehung, vermeidet Fehler bzw. Umwege beim Bericht und spart Energie.

Wenn Sie bis hierhin nachvollziehen können, dass Multitasking zu Unrecht Goldstandard im Berufsleben ist und zahlreiche Nachteile mit sich bringt, können Sie vielleicht auch erkennen, dass bewusstes Aufmerksamkeitsmanagement ein wirksames Gegenmittel ist. Lenkung und Stabilisierung der Aufmerksamkeit ist ein wesentlicher Aspekt von Achtsamkeit. Sie werden aufmerksamer, indem Sie regelmäßig die ABCD-Übung trainieren und im Alltag die zwei Achtsamkeitsregeln für effizientes Arbeiten beherzigen.

NEHMEN SIE SICH ZEIT

- Denken Sie einen Moment darüber nach, in welchen Situationen Sie die zwei Regeln bewusst anwenden könnten. Es hilft, sich das konkret auszumalen. Welche zeit- und kraftraubenden Unterbrechungen erleben Sie häufiger?

- Überlegen Sie auch, ob es KollegInnen gibt, mit denen Sie sich über diese Achtsamkeitsregeln austauschen könnten, so dass vielleicht auch andere in Ihrem beruflichen Umfeld dazu beitragen und davon profitieren, mit Ablenkungen anders umzugehen.

E-Mails & Co.

Häufige Unterbrechungen erleben wir z. B. im Zusammenhang mit E-Mails. Insbesondere durch Benachrichtigungsfunktionen: Wir sehen Posteingänge im Augenwinkel aufleuchten, während wir mit jemandem sprechen. Oder wir schreiben eine E-Mail und empfangen im gleichen Moment fünf neue Nachrichten. Unsere Konzentration wird in diesen Momenten unterbrochen und es braucht Zeit und Energie, um die ursprüngliche Tätigkeit mit voller Aufmerksamkeit fortzusetzen. Die Forschung nennt dieses Umschalten »Switch-Time«.
Dass der *monkey mind* in diesem Hin und Her häufig auf Autopilot schaltet und wir uns nicht jederzeit unserer Handlungen bewusst sind, kann unangenehme Folgen haben. Vielleicht kennen auch Sie diese Schrecksekunden: Just in dem Moment, wo wir im E-Mail-Programm auf Senden

drücken, schießt es uns heiß durch den Kopf: »Habe ich den richtigen Empfänger ausgewählt oder habe ich die Nachricht versehentlich an die Person verschickt, über die ich mich im Text ausgiebig beklage?« Unser vegetatives System reagiert in solchen Momenten mit Schweiß, Herzklopfen und Unruhe.

E-Mails sind noch aus anderen Gründen häufig Quelle für Aufregung und schwierige Gefühle, doch verständlicherweise wollen wir nicht auf die Vorzüge der elektronischen Kommunikation verzichten. Damit wir durch E-Mails nicht noch mehr unter Druck geraten, sondern sie effektiv und ökonomisch nutzen, ist es ratsam, im Umgang mit dieser Technik etwas aufmerksamer zu sein. Doch bevor wir tiefer einsteigen, möchte ich Sie einladen, zwei Fragen zu beantworten:

NEHMEN SIE SICH ZEIT

- Wie viel Zeit verwenden Sie im Durchschnitt täglich auf E-Mails?
- Welche Gefühle haben Sie in Bezug auf E-Mails?

Der Stress mit der Nachrichtenflut

Statistiken zeigen, dass Berufstätige im Durchschnitt täglich 28 % ihrer Zeit mit E-Mails verbringen. Die meisten empfinden dabei eine Art Hass-Liebe zu ihrem elektronischen Postfach. Einerseits schätzen sie es, schnell, unkompliziert und unabhängig von Zeit und Ort kommunizieren zu können. Andererseits erleben sie es oft als Belastung, wenn sich das Postfach wie von Geisterhand füllt und nie wirklich abgearbeitet ist.

Manchmal fühlt man sich durch E-Mails auch überrumpelt. Beispielsweise wenn wir ohne Vorwarnung von schlechten Nachrichten, zusätzlichen Aufgaben oder persönlicher Kritik kalt erwischt werden. So nützlich die elektronische Post sein kann, so eingeschränkt sind die Möglichkeiten, differenziert zu kommunizieren. Fantasievollste Emoticons vermögen zwischenmenschliche Signale wie Mimik, Gestik oder Tonfall nur leidlich zu ersetzen. Die Absicht einer Nachricht wird häufig nicht deutlich und das weckt schwierige Gefühle: Ärger, Angst, Genervtheit. Und ehe man sich versieht, reagiert man eher emotional als sachdienlich. Eine Eskalation aus Problematisierungen, Schuldzuweisungen und Rechtfertigungen kann sich rasant entwickeln, ohne dass man in der Sache einen Schritt weiterkommt. Wenn die Kommunikation dann noch in einer Gruppe mit cc-Empfängern geführt wird, sinkt die Effizienz der Verständigung im Sturzflug.

Dabei ist elektronische Post ein Instrument, das uns entlasten und unterstützen soll. Es soll uns zu Diensten sein und die Dinge erleichtern. Zahlen belegen etwas anderes:[3]

- 60 % der Berufstätigen prüfen ihr E-Mail-Konto während des Urlaubs.
- 70 % lassen sich von eingehenden E-Mails ablenken
- 25 % werden unruhig, wenn sie länger als drei Tage ohne Zugang zu ihren E-Mails sind.
- Im Durchschnitt checken Berufstätige ihren E-Mail-Account alle fünf Minuten, glauben aber, es viel seltener zu tun.
- Im Durchschnitt werden E-Mails innerhalb von sechs Sekunden beantwortet, das ist schneller, als das Telefon braucht, um dreimal zu klingeln.
- Das Gehirn braucht ca. 60 Sekunden, um sich nach einer Unterbrechung wieder auf einen Gegenstand zu konzentrieren (Switch-Time).
- Pro Arbeitswoche gehen rechnerisch 8,5 Stunden durch Switch-Time beim E-Mailing verloren.
- In den USA wurde E-Mail-Sucht als medizinische Diagnose bestätigt.

Über E-Mail-Sucht liest man auch hierzulande immer häufiger, und Sie ahnen vielleicht schon, was damit gemeint ist. Die Medizin spricht von Sucht, wenn ein starkes, unkontrollierbares und steigendes Verlangen nach einem Stimulus besteht. Und wenn beim Absetzen Entzugserscheinungen, wie etwa Gereiztheit, Unruhe oder Angst auftreten.

Welche Gefühle haben Sie im Zusammenhang mit E-Mailing? Ich will Sie nicht bange machen, aber wenn Sie beobachten, dass Sie reflexhaft und häufig Ihr E-Mail-Konto checken, falls Sie unruhig werden, wenn Sie mal keinen Zugang zu Ihren E-Mails haben, sollten Sie aufmerksam werden. Insbesondere dann, wenn ausbleibende Nachrichten Sie ängstlich stimmen, wenn Sie sich missachtet, ausgegrenzt oder zurückgewiesen fühlen.

Unabhängig davon, wie emotional Sie auf E-Mail-Verkehr reagieren, gehe ich davon aus, dass Sie viel Zeit mit E-Mails verbringen. Und allein deshalb lohnt es sich für Sie, dieses Instrument achtsam zu nutzen, ohne Einbußen für Produktivität, Energie oder Qualität.

Tipps für den Umgang mit E-Mails

Wenn Sie noch einmal bedenken, wie wesentlich es ist, ganz bei der Sache zu sein, dann werden Ihnen die folgenden Tipps im Umgang mit E-Mails nützlich erscheinen:

1. Wann immer Sie sich mit E-Mails beschäftigen (Nachrichten lesen oder schreiben), betreiben Sie *kein Multitasking!* Konzentrieren Sie sich ganz auf den Text.
2. Legen Sie *Zeitfenster* fest, in denen Sie Ihre E-Mails bearbeiten. Überlegen Sie, wie häufig und wie lange Sie sich mit E-Mail-Vorgängen beschäftigen wollen.
3. Stellen Sie die *Benachrichtigungsfunktion* aus – so bleiben Sie Herr über Ihre Inbox. Wenn wir immer auf Empfangen eingestellt sind, verfügen andere über unsere Zeit, über unsere Aufmerksamkeit, über unsere Energie. Wir werden von ihnen fremdgesteuert, anstatt selbst zu entscheiden, was wann für uns Priorität hat.
4. Diskutieren Sie mit Kollegen die *E-Mail-Kultur* in Ihrem Unternehmen, Ihrer Organisation. Gibt es tatsächlich die Verpflichtung, E-Mails auch nach Feierabend und im Urlaub zu lesen, oder haben Sie nur das Gefühl, dass es von Ihnen erwartet wird? Viel Stress entsteht durch

unbewusste Erwartungen und Regeln. Diese anzusprechen und abzustimmen sorgt für Klarheit.

Manchmal helfen Richtlinien. Wirkungsvoller ist es jedoch, allgemein mehr Achtsamkeit im Umgang mit elektronischer Post zu entwickeln. Lesen Sie auf den folgenden Seiten, wie Sie konkret einen neuen Trend setzen und entspannt, konzentriert und klar per E-Mail kommunizieren können.

E-Mails mit Konzentration

Wenn Sie *E-Mails schreiben*, prüfen Sie, ob alle relevanten Informationen enthalten sind. Wenden Sie Regel #1 an und bleiben Sie ganz bei der Sache. Sobald Sie merken, dass es Ihnen schwerfällt, sich zu konzentrieren, dass Sie durch wortreiche Nebenbemerkungen, Meinungen und Kommentare abschweifen, sollten Sie überlegen, ob eine Mail das passende Kommunikationsinstrument ist. Vielleicht wäre ein persönlicher Kontakt, in dem Argumente ausgetauscht und abgewogen, Anekdoten erzählt und Streitgespräche geführt werden können, passender.

Wenn Sie eine *E-Mail lesen*, bleiben Sie ebenfalls so gut es geht bei der Sache. Zugegebenermaßen fällt das schwerer, wenn zwischen den Zeilen Botschaften über die Beziehung zwischen dem Verfasser und Ihnen enthalten sind. Vielleicht fühlen Sie sich durch einzelne Formulierungen herabgesetzt, instrumentalisiert, für dumm verkauft. Wenn Sie dadurch von der eigentlichen Sache abgelenkt werden, wenden Sie Regel #1 an. Kehren Sie mit Ihrer Aufmerksamkeit beharrlich auf den Sachverhalt zurück, wie Sie in der ABCD-Übung immer wieder zum Atem zurückkehren. Falls Ihnen das nicht gelingt, gehen Sie mit Regel #2 und entscheiden Sie sich für die Ablenkung. Geben Sie der Beziehungsklärung Priorität und machen Sie diese zum Gegenstand Ihrer Aufmerksamkeit. Aber bedenken Sie, dass E-Mails in dieser Hinsicht nur leidlich funktionieren: Das notwendige Repertoire für zwischenmenschliche Kommunikation, wie Stimme, Mimik oder Gestus, kann nicht einbezogen werden. Wählen Sie eventuell eine andere Art des Kontakts.

E-Mails mit Klarheit

Viele E-Mails stiften Verwirrung und Unmut, weil unklar ist, welche Reaktion erwartet wird. Unterstützen Sie Klarheit beim Empfänger, indem Sie beim *E-Mail-Schreiben* Ihre Absichten benennen. Wollen Sie informieren, fragen, auffordern? Gibt es ein Zeitfenster, innerhalb dessen Sie Antwort erwarten? Achtung! Gehen Sie davon aus, dass Menschen grundsätzlich bereit sind, so schnell wie möglich zu antworten, aber genau wie Sie unter Zeitnot leiden. Setzen Sie nur dann einen engen Zeitrahmen, wenn dies aus zwingenden Gründen (z.B. amtliche Fristen) erforderlich ist. Verzichten Sie darauf, Druck, den Sie selbst spüren, psychologisch weiterzugeben. Eventuell müssen Rahmenbedingungen neu verhandelt werden. Da wäre ein Gespräch geeigneter. Wann immer Sie die Gefahr sehen, dass Ihre E-Mail missverstanden werden könnte, verzichten Sie darauf, sie zu senden. Suchen Sie nach geeigneteren Möglichkeiten zu kommunizieren.

Wenn Sie eine *E-Mail lesen,* die Sie im Unklaren lässt, bei der Sie nicht erkennen können, was der Absender von Ihnen erwartet, oder Sie die Nachricht auf andere Weise missverstehen könnten, verzichten Sie darauf, Spekulationen anzustellen und ins Blaue hinein zu antworten. Sorgen Sie erst für Klärung.

E-Mails mit Entspannung

Bevor Sie eine *E-Mail schreiben,* sollten Sie Ihre eigene Verfassung überprüfen. Sind Sie gehetzt, angespannt, ärgerlich, ängstlich? Je erregter Sie beim Schreiben sind, desto wahrscheinlicher ist es, dass Sie den Text emotional aufladen. Darunter leiden Fokus und Klarheit. Sorgen Sie für Ihre eigene Entspannung, z.B. mit einigen Atemzügen ABCD, bevor Sie sich ans Schreiben machen.

Wenn Sie Ihr Postfach öffnen, bemühen Sie sich ebenfalls um eine offene und entspannte Haltung. Wenn wir beim *E-Mail-Lesen* Ungutes erwarten, verspannen wir uns und sind innerlich in Habtachthaltung. In einer solchen Verfassung ist unser biologisches Gefahrenabwehrprogramm aktiv. Dieses ist nicht in der Lage, feine Unterschiede wahrzunehmen. Es unterteilt Informationen ganz grob in gut oder böse, schwarz oder weiß, für mich oder gegen mich. Wenn wir angespannt sind, besteht daher eine hohe Wahrscheinlichkeit, dass wir uns von einer E-Mail angegriffen fühlen. Ein konstruktiver, ausgeglichener Umgang mit der Nachricht wird schwierig.

Sorgen Sie also dafür, dass Sie E-Mails in entspannter Verfassung lesen. Einige Atemzüge ABCD vor dem Öffnen des Postfaches können helfen.

FAZIT FÜR EINEN ACHTSAMEN UMGANG MIT E-MAILS

- Bringen Sie sich selbst in eine entspannte, konzentrierte und klare Verfassung, indem Sie vor dem Schreiben oder Lesen von E-Mails für ein paar Atemzüge die ABCD-Übung praktizieren.
- Wenden Sie die zwei Achtsamkeitsregeln für effizientes Arbeiten an und bleiben Sie beim Lesen und Schreiben ganz bei der Sache.
- Bemühen Sie sich auf jede mögliche Weise um Entspannung, Konzentration und Klarheit. Eventuell ist es effizienter, an bestimmten Stellen auf E-Mails zu verzichten und andere Kommunikationsmöglichkeiten zu nutzen.

Ins Netz gegangen

Vieles von dem, was Sie im Kapitel über E-Mails lesen, trifft auch auf andere digitalisierte Informationswege wie soziale Netzwerke und sogenannte Apps zu. Eine weitere Herausforderung kommt bei internetbasierten Diensten hinzu: Viele Anwendungen haben die Tendenz, unsere Aufmerksamkeit aus dem gegenwärtigen Moment herauszuziehen, in die Ferne – zu anderen Ereignissen, anderen Menschen, anderen Zeitzonen. Und sie verleiten zu Multitasking, da sie meistens parallel zu anderen Tätigkeiten laufen und unsere Aufmerksamkeit häufig unterbrechen. Sei es durch Töne, Blinken oder einfach durch die Tatsache, dass unsere Aufmerksamkeit zu der vernetzten Welt wandert und wir »schnell mal checken …«. Somit fördern diese Dienste bei unbedachtem Umgang Zerstreutheit, Konzentrationsschwäche, Gereiztheit und Erschöpfung. Wenn Sie mehr Bewusstsein in Ihre vernetzte Kommunikation bringen, können Sie die Technik für Ihre Interessen nutzen, statt von ihr fremdbestimmt zu werden.

NEHMEN SIE SICH ZEIT

- Fragen Sie sich: Was sind häufige Gedanken, wenn ich im Netz unterwegs bin? Sind diese eher positiv oder negativ gefärbt? Wie geht es meinem Körper dabei – bin ich angespannt, wohlig, zappelig oder bekomme ich ihn vielleicht gar nicht richtig mit? Welche Gefühle werden aktiviert? Welches Bedürfnis steht hinter meinen Netz-Aktivitäten? Erfüllen Chats meinen Wunsch nach Kontakt tatsächlich? Wird durch die Fülle von Informationen mein Gefühl für die Welt sicherer oder unsicherer? Fördert der Umgang mit diesen Medien mein Wohlbefinden, meine Tatkraft, meine Potenziale?

- Wenn Sie auf diese Frage nicht mit Ja antworten können, ist es wahrscheinlich, dass Sie die digitale Welt nicht bewusst für Ihre Interessen nutzen, sondern im Autopilot auf ihren Wellen surfen.

FAZIT FÜR EINEN ACHTSAMEN UMGANG MIT DEM INTERNET

- Um die Vorteile des Internets wirklich genießen zu können, ist ein bewusster Umgang sinnvoll. Unser Gehirn ist sehr anfällig für alle Arten von Zerstreuung, Fragmentierung und Selbstvergessenheit, wie sie vom Internet gefördert werden. Treffen Sie daher bewusste Entscheidungen, wann, wie lange und zu welchem Zweck Sie diese Technik nutzen wollen. Prüfen Sie gelegentlich, ob es Alternativen gibt. Halten Sie emotional und physisch Kontakt zu echten Menschen. Und ziehen Sie die Möglichkeit in Betracht, dass die Antwort nicht immer da draußen zu finden ist.

Nach dem Meeting ist vor dem Meeting

»Jeder Versuch, sich mitzuteilen, kann nur mit dem Wohlwollen des anderen gelingen.«

Max Frisch

Teambesprechungen, Sitzungen, Konferenzen – kurz: *Meetings* sind fester Bestandteil des Berufslebens. Laut McKinsey verbringen Manager rund 30 bis 60 % ihrer Zeit in Besprechungen, Topmanager sogar 60 bis 90 %.

Je uneffektiver Meetings sind, desto schwerer wiegt der negative Effekt für das Unternehmen. Und obwohl sie bislang durch keine andere Arbeitsstruktur ersetzt werden können, erleben die meisten Menschen Meetings als Zeitverschwendung: lästig, unproduktiv und frustrierend.

Wenn Sie dieses Buch aufmerksam gelesen haben, kennen Sie bereits die wichtigsten Faktoren, die ein Meeting nicht nur zu einer unerfreulichen, sondern auch zu einer unproduktiven Angelegenheit machen: mentaler und emotionaler Stress! Denn dieser führt dazu, dass wir unkonzentriert, gereizt, unsicher, skeptisch, abgestumpft sind. In gestresster Verfassung haben wir begrenzten Zugang zu unserem einzigartigen menschlichen Potenzial. Das heißt, wir reagieren eher mit archaisch-animalischen Strategien, die von Kampf, Flucht und Überlebenssicherung geprägt sind. Ressourcen wie Kreativität, Kooperation, Mitgefühl, Bewusstsein über Vergangenheit, Gegenwart, Zukunft, über Ursache und Wirkung, die Fähigkeit zu bewussten Entscheidungen und Handlungen, stehen uns weniger zur Verfügung.

Wenn ich dieses Thema mit meinen Klienten bearbeite, schildern sie meistens sehr lebhaft, was sie an Meetings nervt. Wenn Sie mögen, ergänzen Sie die Liste mit Ihren Störungs-Highlights:

- Zerfaserter Beginn, Unpünktlichkeit, Unruhe
- Schlechte bzw. keine Gesprächsleitung
- Unterbrechungen, fehlende Konzentration, Ablenkungen
- Emotionale Ausbrüche
- Schlechtes Zeitmanagement, fehlende Pausen, Überziehung
- Unklares, zerfasertes Ende, plötzlicher Abbruch
- Fehlende Resultate, Vereinbarungen, Handlungspläne
- Belastende äußere Bedingungen:
  Lärm, wenig Tageslicht, Enge, unbequeme Stühle, schlechte Luft

Untersuchungen bestätigen, dass Meetings dann produktiv sind, wenn sie entspannt, konzentriert und mit Fokus verlaufen.[4] Erinnern Sie sich? Entspannung, Konzentration und Klarheit sind die Grundlagen der Achtsamkeitspraxis (Kapitel 1). *Das heißt, dass Meetings, die mit Achtsamkeit geführt werden, zu besseren Ergebnissen führen.* Berufliche Zusammenkünfte geben uns zahlreiche Gelegenheiten, Achtsamkeit zu praktizieren. Hier finden Sie einige Beispiele:

Meetings mit Entspannung

Unabhängig davon, ob Sie selbst eine Besprechung leiten oder einfach teilnehmen: Die Art und Weise, wie Sie starten, hat einen enormen Einfluss auf den gesamten Verlauf der Sitzung. Hetzen Sie nicht zu einer Besprechung und verlassen Sie ein Meeting auch nicht mit wehenden Fahnen. Sie tragen sonst Anspannung in die Runde. Mit der Folge, dass die Menschen im Raum unbewusst in Resonanz mit Ihrer Anspannung gehen. Ohne dass sie es beabsichtigen, reagieren viele Menschen auf Spannung mit Gegenspannung. Die gesamte Atmosphäre im Raum kann dann von Unruhe, Gereiztheit, Unsicherheit bzw. irgendeiner anderen Variante von Kampf-und-Flucht-Verhalten vergiftet werden. Planen Sie also ausreichend Zeit vor und nach einem Meeting ein. Nutzen Sie die Zeit zwischen zwei Terminen für ein Innehalten mit ABCD, sodass Sie gesammelt und ruhig in jedes Treffen gehen können. Wenn ich mit Organisationen arbeite, ermutige ich, zu Beginn einer Sitzung gemeinsam einige Runden ABCD zu praktizieren. Auf diese Weise haben alle die Gelegenheit, nicht nur körperlich anwesend zu sein, sondern auch mental in den Raum zu kommen. Wie viel Zeit geht oft verloren, weil zu Beginn einer Besprechung einige noch mit dem beschäftigt sind, was vorher los war. Sie sind unkonzentriert, fragen nach Informationen, die längst gegeben wurden, tippen noch schnell etwas in ihr Laptop oder berichten dem Tischnachbarn von einem anderen Vorgang. Zu Beginn eines Treffens ein Ritual der Stille zu nutzen und alle mit ihrer Aufmerksamkeit in den gegenwärtigen Moment zu bringen trägt zu einem entspannten Start bei.

Der Körper denkt mit

Schaffen Sie auch gute Bedingungen, in denen sich Ihr Körper entspannt. Zwar bestehen Meetings in erster Linie aus mentalen Tätigkeiten, nichtsdestotrotz sind wir mit unserem ganzen Körper anwesend. Und wenn der sich unwohl fühlt, versetzt er uns unterbewusst in Unruhe. Körperliche Unruhe wiederum wirkt sich negativ auf unsere mentale Verfassung aus. Gehen Sie also nicht hungrig in eine Besprechung, sorgen Sie für ausreichend frische Luft, angenehme Beleuchtung, Pausen, neutrale Getränke wie Wasser und Tee. Koffein und Zucker wirken ungünstig auf den Energiehaushalt. Wählen Sie einen Platz, an dem Sie gut sitzen können: Wenn ein Stuhl unangenehm kippelt, wenn Sie sich vom Nachbarn bedrängt fühlen, wenn Sie ins Gegenlicht schauen, wenn Sie nicht gut hören können, wird Ihr autonomes Nervensystem in Alarm versetzt und Sie brauchen Energie, um es in Schach zu halten, selbst wenn Sie sich dessen nicht bewusst sind.

Manchmal ist es hilfreich, sich zwischendurch zu bewegen, insbesondere wenn Sie sich emotional anspannen, weil Ihnen irgendetwas nicht passt. Finden Sie, wenn es keine allgemeine Pause gibt, eine Gelegenheit, sich zu bewegen: Verändern Sie ganz bewusst Ihre Körperhaltung, verlagern Sie Ihr Gewicht von einem Gesäßmuskel zum anderen. Bücken Sie sich nach etwas und machen Sie unbemerkt eine kleine Dehn- und Lockerungsübung daraus. Oder gehen Sie einfach mal zum Fenster und öffnen es oder bringen Sie etwas zum Papierkorb. Bewegen Sie sich dabei langsam, bewusst und mit fließendem Atem. Ruckhafte Bewegungen wirken stressverschärfend. Fließende Bewegungen bringen den Organismus dagegen ins Gleichgewicht. Keiner im Raum wird mitbekommen, dass Sie gerade für körperliche Entspannung sorgen. Sie selbst werden aber bemerken, dass Sie insgesamt ruhiger und freier werden, wenn Sie die aufgestaute Energie sanft in Bewegung bringen und verteilen.

Meetings mit Konzentration

Jedes Meeting ist eine hervorragende Gelegenheit, um Achtsamkeit zu trainieren. Machen Sie die sprechende Person zu Ihrem Anker, so wie es in der ABCD-Übung Ihr Atem ist. Wenden Sie Regel #1 an. Wann immer Sie in Gedanken abschweifen, kehren Sie sanft, aber bestimmt mit Ihrer Aufmerksamkeit zu der sprechenden Person zurück. Ablenkungen sind zu erwarten, sie sind menschlich und absolut normal. Lassen Sie sich kurz mitbekommen, wohin Ihre Aufmerksamkeit gewandert ist. Haben Sie das Gesagte kommentiert oder kritisiert? Haben Sie sich schon zurechtgelegt, was Sie sagen, wenn die Person fertig ist? Haben Sie an etwas ganz anderes gedacht? Lassen Sie sich einfach nur bemerken, wo Ihre Aufmerksamkeit ist, und führen Sie sie beharrlich zurück zum Inhalt der Rede.

> »Das größte Geschenk,
> das wir jemandem machen können, ist,
> ihm unsere volle Aufmerksamkeit und
> Präsenz zu schenken.«
> Thich Nhat Hanh

Üben Sie, in jedem Moment neu, offen und präsent zuzuhören.

Wenn Sie jedoch merken, dass es hart wird, bei der Sache zu bleiben, dann treffen Sie eine bewusste Entscheidung. Wenden Sie Regel #2 an. Vielleicht ist es hilfreich, den Augen und Ohren eine kurze Pause zu gönnen, aus dem Fenster zu schauen und dann bewusst zurückzukehren.

Wenn Sie selbst regelmäßig die Gesprächsleitung von Meetings übernehmen, sollten Sie sich zu Beginn bewusst machen, dass *Sie* der Fokus des Meetings sind. Auch wenn jemand anderes spricht, wird es immer mindestens eine Person im Raum geben, die beobachtet, wie Sie sich verhalten. Ist die Gesprächsleitung nicht durchgehend körperlich und mental präsent, verliert das Meeting insgesamt an Konzentration. Unklarheit und Gereiztheit sind häufige Folgen. Die Aufgabe einer achtsamen Gesprächsleitung ist es zudem, immer wieder sanft, aber bestimmt zum zentralen Thema zurückzuführen. So, wie Sie es in der ABCD-Übung mit Ihrem eigenen Atem tun, so bringen Sie die Aufmerksamkeit der Teilnehmer und Teilnehmerinnen zurück zu Inhalt, Struktur und Intention des jeweiligen Tagesordnungspunkts.

Meetings mit Klarheit

Agenden sind nicht nur eine Liste von Dingen, die zu erledigen sind. Sie sind auch psychologisch wichtig für die Orientierung. Wenn wir nicht wissen, was wann von wem warum besprochen wird, werden wir unruhig und unsere mentale Klarheit nimmt ab. Eine effektive Agenda muss für Klarheit sorgen – und zwar nicht nur hinsichtlich der Themen, sondern auch hinsichtlich der Intention, die mit jedem einzelnen Tagesordnungspunkt verbunden ist. Es macht einen Unterschied, ob die Gesprächsteilnehmer über einen Sachstand informiert werden sollen, ob sie sich kritisch äußern, Lösungen entwickeln, Entscheidungen treffen oder Handlungsschritte vereinbaren sollen. Jedes dieser Vorhaben erfordert eine andere Methode der Gesprächsführung, ein anderes Werkzeug. Brainstorming verbietet Kritik, entschieden wird nach Abschluss der Debatte. Wenn Unklarheit herrscht, welche Methode gerade Anwendung findet, ist das Meeting ebenso wenig erfolgreich wie ein Mechaniker, der mit einem einzigen Schraubenschlüssel verschiedene Motorteile reparieren möchte. Es ist schlicht unmöglich.

Klarheit wird durch Orientierung gefördert. Wenn alle wissen, wo sie sich befinden – ob z.B. bei der Ideenfindung oder in der Entscheidungsphase –, können sie sich entspannen und auf das Wesentliche konzentrieren. Für alle Beteiligten ist es darüber hinaus eine Entlastung, wenn sie sich darauf verlassen können, dass es einen Wächter der Zeit gibt. Wenn eine Person verbindlich darauf achtet, dass die verabredeten Zeiten eingehalten werden, können alle anderen voll bei der Sache bleiben und sich ganz den Inhalten widmen.

Ende gut, alles gut

Meetings brauchen ein klares Ende. Bevor alle auseinandergehen, müssen die wichtigsten Ergebnisse noch einmal bewusst gemacht werden. Was haben wir entschieden, was sind die nächsten Schritte. Und dann ist es wichtig, dass alle wirklich aufhören können. Manchmal werden Unterhaltungen in kleinen Grüppchen fortgeführt, während die anderen schon weg sind. Nicht selten bringt diese informelle Phase dann Entscheidungen oder Initiativen hervor, die nicht Teil des offiziellen Meetings waren. Das geht häufig ins Auge. Teilnehmer, die früher gehen mussten, fühlen sich hintergangen oder reagieren verunsichert. Es führt auch dazu, dass Menschen zu spät zu anderen Verpflichtungen kommen, weil sie den informellen Raum nicht verlassen wollen, in Sorge, sie könnten etwas Wichtiges verpassen. Um die Früchte des Meetings wirklich ernten zu können, ist es notwendig, dass es für alle Beteiligten ein eindeutiges Ende gibt. Eine großartige Gelegenheit, sich in der Achtsamkeitshaltung des Loslassens zu üben. (Mehr über die achtsamen Haltungen im Kapitel »Eine Frage der Einstellung«.)

Dem Ärger die Stirn bieten

Eine besonders große Herausforderung ist es, im Berufskontext mit Emotionen umzugehen. Mal kochen sie über, sodass eine sachliche Auseinandersetzung unmöglich wird. Manchmal werden sie aber auch tabuisiert und unter der Decke gehalten – sodass sich eine kalte und unpersönliche Atmosphäre ausbreitet, worauf die meisten Menschen unbewusst mit Angst reagieren. In unserer

Kultur hat sich die Überzeugung festgesetzt, Gefühle seien unprofessionell und dienten nicht der Sache. Das ist ausgemachter Unsinn, denn Emotionen sind ein wichtiger Faktor, um unsere Motivation zu entfachen, damit wir uns engagieren, uns für etwas einsetzen und mitgestalten. Gefühle prägen unsere Absichten, die Ausrichtung unseres Denkens und Handelns. Welche Gefühle erleben Sie häufig bei der Arbeit?

Wenn ich an meine eigene Zeit im Management der Filmhochschule denke, bin ich überrascht, wie selbstverständlich es für mich war, ärgerlich zu sein. Ich ärgerte mich über die Studierenden, die Kollegen und die Schulleitung. Ich ärgerte mich über fehlende Informationen, enge Zeitfenster, zähe Konferenzen. Und ich ärgerte mich häufig über mich selbst, wenn mir etwas nicht so gelungen war, wie ich es mir vorgenommen hatte. Damit stand ich nicht alleine da. Alle schienen sich viel und intensiv zu ärgern. Auch die DozentInnen, MitarbeiterInnen und StudentInnen waren häufig unzufrieden. Sie wollten die Dinge anders – sie wollten sie besser. Ärger schien ein Gradmesser für Anspruch, Ehrgeiz und vor allen Dingen für die Mühsal zu sein, die Menschen auf sich nahmen, um »Gutes zu erreichen«. Sich viel zu ärgern schien gleichbedeutend mit viel Engagement.

Ärger ist für viele Berufstätige normal. Wer sich ärgert, zeigt, dass er es ernst meint, sich anstrengt, viel will und hart arbeitet. Aber arbeiten wir in einer Ärgerkultur auch effizient und gut? Überlegen Sie selbst, gehen Ihnen Dinge leichter von der Hand, finden Sie Unterstützung, wenn Sie genervt, ungeduldig oder missmutig sind? Sind Sie im ärgerlichen Zustand regelrecht beflügelt, wachsen Sie über sich hinaus, haben Sie hervorragende Einfälle, Freude und Erfolgserlebnisse? Wohl eher nicht. Und das liegt vor allem daran, dass chronischer Ärger gehaltene Energie ist – im ärgerlichen Zustand zieht sich alles zusammen und wird fest: Die Stirn legt sich in Falten, der Nacken wird steif, die Stimme ächzt, das Herz krampft, der Darm macht dicht, der Rücken blockiert. Auch mental werden wir eng: skeptisch, ängstlich, kontrollwütig, einsam. Im kontrahierten Zustand kann sich nichts entfalten – keine Kreativität, kein Potenzial, keine Kraft.

Wenn wir uns ärgern, sind wir verspannt, bleiben unter unseren Möglichkeiten und fühlen uns schlecht. Wenn Spannung in Bewegung umgesetzt wird, ist sie produktiv. Als Dauerzustand jedoch blockiert Anspannung unsere Lebensenergie und schwächt das Immunsystem.

Gesunde Gefühle fließen
wie ein munterer Bach

Grundsätzlich ist jedes Gefühl in seinem Ursprung nützlich und zeigt an, wie es uns geht und was wir brauchen. Gefühle, die wir als negativ wahrnehmen, gleichen einem Boten, den wir nicht gerne empfangen, weil er unangenehme Nachrichten bringt. Wenn wir jedoch dem Boten nicht die Tür öffnen, können sich Gefühle im Zusammenspiel mit Gedanken und Körperempfindungen so entwickeln, dass sie unsere Energie, unseren Lebensstrom negativ beeinflussen. Beispielsweise können Blockaden entstehen, die die Energie im Innern aufstauen, sodass diese nicht mehr frei fließen kann. Der Fluss wird brackig und kippt vielleicht sogar um. Gram und Groll können sich in ähnlicher Weise zu einer Depression verfestigen und unseren Lebensstrom lahmlegen. Oder die Emotionen sind so heftig, dass sie das Flussbett sprengen und alles mitreißen. Manche Hochstimmungen und Wutanfälle haben diese Qualität. Sie führen dazu, dass unsere Energie kurz und heftig aufwallt, über die Ufer tritt, uns aber für produktives Handeln nicht länger zur Verfügung steht.

Förderliche Gefühle fließen in ruhigen Bahnen und unterstützen mentale, körperliche und emotionale Beweglichkeit. Sie erkennen sie an leichtem, regelmäßigen Pulsieren, Strömen, rhythmischer Kontraktion und Entspannung im Körper und an der mentalen Klarheit, die sich mit ihnen einstellt. Sie können die folgende Liste nutzen, um sich den Unterschied zwischen den vorteilhaften, gleichmäßig fließenden Gefühlen und den destruktiven, starren oder heftig hervorbrechenden Gefühlen klarzumachen. Ein Wortspiel kann Ihnen als Eselsbrücke dienen. Es gibt Gefühle, die sind im deutschen Sinne *Gift* und verderben uns. Und es gibt Gefühle, die sind im englischen Sinne *a gift,* ein Geschenk. Sie bereichern und erweitern uns. (Das Wortspiel stammt von Vera F. Birkenbihl).

»Nicht, was wir erleben,
sondern wie wir empfinden,
was wir erleben, macht unser Schicksal aus.«
Marie v. Ebner-Eschenbach

- Gehen Sie die Liste durch und fragen Sie sich, in welcher Gefühlslage, in welcher Stimmung Sie sich besser fühlen und bessere Leistung hervorbringen.

GEFÜHLE SIND

Gift	a gift
Arsen	Geschenk
destruktiv	förderlich
Starre/Chaos	Fluss
Sterben	Leben
Zorn	Kraft
Groll	Würde
Neid	Dankbarkeit
Missgunst	Großzügigkeit
Misstrauen	Vertrauen
Angst	Zuversicht
Hass	Liebe
Scham	Selbstwert
Gram	Mitgefühl
Dumpfheit	Wachheit
manische Euphorie	Heiterkeit

Schwierige Gefühle führen uns im Kreis

Gefühle haben nicht nur maßgeblichen Einfluss darauf, ob wir kreativ oder gehemmt, mutig oder ängstlich, kooperativ oder starrköpfig unterwegs sind. Gefühle sind dazu noch hochgradig ansteckend. Sie kennen das bestimmt: Wenn wir jemanden gähnen oder herzlich lachen sehen, stimmen wir reflexhaft mit ein. Spiegelneuronen und Resonanzeffekte lassen uns mit anderen mitschwingen. Organismen kommunizieren auf diese Weise miteinander. Sie können sich gegenseitig beruhigen oder sich zum Wahnsinn treiben. Wir profitieren von diesem Effekt, wenn wir uns z. B. in der erhabenen Stille eines Baumes beruhigen, uns von den treuen Augen eines Hundes trösten lassen oder ein kindliches Lachen uns heiter stimmt. Wenn wir allerdings viel Zeit mit Menschen verbringen, die stark angespannt und gereizt sind, färbt das ebenfalls auf uns ab. Wir übernehmen die Spannung anderer und erleben sie im eigenen Körper und in der eigenen Stimmung. Unser Gehirn wird aus allen Richtungen mit der Botschaft befeuert: »Alarm, etwas ist im Busch, sei auf der Hut!«

Diese Alarmstimmung schaukelt sich schnell weiter in die Höhe: Bei Witterung von Gefahr wird im Gehirn die Amygdala, der sogenannte Mandelkern, aktiviert. Dieses Hirnareal ist darauf spezialisiert, eingehende Informationen so zu filtern, dass vor allem Negatives und Bedrohliches möglichst rasch verarbeitet wird – mit dem Ziel, sich dagegen zu wappnen. Der Mandelkern gleicht die eingehenden Informationen mit in der Vergangenheit gemachten Erfahrungen ab und aktiviert automatisierte Verhaltensweisen, um die Bedrohung abzuwehren.

Je mehr wir unter Stress stehen, umso mehr spannen sich unser Körper und Geist an und umso stärker sind unsere Antennen auf Negatives, potenziell Gefährliches ausgerichtet. Es kommt zu einem Teufelskreis: Negative Gedanken, Körperempfindungen und Gefühle befeuern sich gegenseitig und halten sich am Laufen. Wir machen uns bereit, um gegebenenfalls die Bedrohung zu bekämpfen oder ihr zu entfliehen.

Wenn wir in dieser Anspannung leben und arbeiten, kann es passieren, dass die harmlose Frage eines Kollegen in unseren Ohren wie ein Vorwurf klingt, gegen den wir sofort in Stellung gehen. Oder eine Änderung des Dienstplans wird als persönliche Beleidigung aufgefasst und schürt Empörung. Oder wir fühlen uns in der Gegenwart anderer Menschen nervös und bleiben deshalb wichtigen Teambesprechungen fern. Chronischer Ärger, Gereiztheit und Frustration schaffen ein

Klima der Angst und Aggression, in dem es schwerfällt, konzentriert zu bleiben, klar zu denken und
konstruktiv zu handeln.

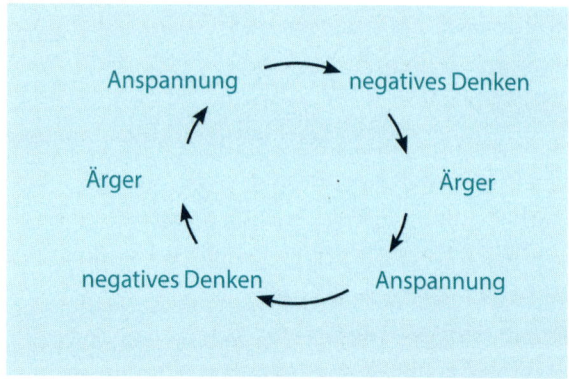

Richtig!

Wir alle sehnen uns nach Respekt, Akzeptanz, Aufmerksamkeit, Geduld, Verständnis, Toleranz, Offenheit, Vertrauen, Freundlichkeit.

Angeblich werden diese mental-emotionalen Zustände im Stirnlappen des Gehirns produziert und wahrgenommen. Ich bin nicht sicher, ob es wirklich gelingen kann, eine neurobiologische Landkarte unserer Seele zu zeichnen. Aber ich nutze mit Begeisterung die Tatsache, dass wir dem Ärger die Stirn bieten, wenn wir Offenheit, Freundlichkeit und Geduld in uns wachrufen. Mitgefühl und Offenheit sind feste Bestandteile der Achtsamkeitspraxis und hochwirksam gegen klassische Ärgerquellen wie mentaler und emotionaler Stress.

Es führt keinen Schritt weiter zu hadern, wenn die Dinge nicht gut laufen. Mehr Stress führt zu mehr Anspannung und schränkt unsere Bewältigungskompetenzen erheblich ein. Mitgefühl und Akzeptanz hingegen verbessern unser Wohlbefinden. Vertrauen, Offenheit und freundliche Aufmerksamkeit sorgen für Entspannung und schaffen damit die Voraussetzung für Kreativität, Mut, Handlungsbereitschaft, Interesse – innere Einstellungen, die uns statt ärgerlich zufrieden und erfolgreich machen. Geisteshaltungen wie Offenheit und Mitgefühl werden von Neurowissenschaftlern im Bereich des Frontalen Kortex verortet – des sogenannten Stirnlappens. Um im Bild zu bleiben: Bieten Sie dem Ärger die Stirn, indem Sie achtsame Einstellungen entwickeln.

5

Eine Frage der Einstellung

»Wenn ich mich so akzeptiere,
wie ich bin, kann ich mich verändern.«

Carl Rogers

Akzeptanz

Wenn wir Dinge, Menschen, eigene Erfahrungen nicht so nehmen, wie sie sind, halten wir fest. Wir halten an unseren Vorstellungen darüber fest, wie etwas sein sollte. Wir halten an unseren Sehnsüchten, Hoffnungen und Aversionen fest. Wir halten an unseren Gedanken und Gefühlen fest. Je fester wir halten, desto fester werden wir im Körper und im Geist. Bis alles so festgefahren ist, dass nichts mehr geht. Das ist dann der Burnout.

Eine andere Möglichkeit eröffnet sich, wenn wir

die Dinge, Menschen, Erfahrungen so nehmen, wie sie sind. Wenn wir akzeptieren, dass sie anders sind, als wir es uns wünschen.

Doch bevor ich das weiter ausführe und zeige, dass Akzeptanz etwas anderes ist als Passivität oder Unterordnung, möchte ich Sie einladen, es selbst zu erforschen. Üben Sie sich in Akzeptanz. Ich benutze das Wort *üben,* weil es beschreibt, dass wir etwas Neues lernen und in unser Verhaltensrepertoire integrieren. Achtsames Üben ist dabei das Gegenteil von hartem Training.

ABCD mit Akzeptanz

- Finden Sie Ihre Sitzposition, mit einem sicheren Kontakt zum Boden und entspannt aufgerichtetem Oberkörper. Legen Sie die Hände auf den Oberschenkeln ab. Schließen Sie die Augen oder lassen Sie Ihren Blick sanft vor sich auf dem Boden ruhen. Richten Sie Ihre Aufmerksamkeit auf die Atembewegungen im Bereich des Bauchnabels. Beobachten Sie nun mit jedem Atemzug das Steigen und Sinken, das Ausdehnen und Zusammenziehen. Bleiben Sie so gut es geht bei dieser Erfahrung. Bis hierher ist diese Achtsamkeitspraxis ein Aufmerksamkeitstraining, wie Sie es aus den vorherigen Kapiteln bereits kennen.

- Nun bringen wir das zweite wichtige Element der Praxis dazu: die achtsamen Geisteshaltungen – zunächst die Akzeptanz: Wann immer Sie bemerken, dass Sie mit der Aufmerksamkeit in Gedanken abgeschweift sind, halten Sie einen Moment inne. Stellen Sie fest, wohin Sie abgeschweift sind, und vergeben Sie eine Überschrift, z. B.:

Zukunft – wenn Sie an Ihre Einkaufsliste für morgen denken.

Vergangenheit – wenn Sie Ihre Präsentation von letzter Woche noch einmal durchgehen.

Bewertung – wenn Sie finden, dass es langweilig ist.

Gefühle – wenn Sie bemerken, dass Sie ärgerlich, traurig oder besorgt sind.

STAUNEN UND LÄCHELN

- Wenn eine Überschrift entstanden ist, sagen Sie stumm *Aha?!* und lassen Sie sich innerlich ein ganz kleines Lächeln finden. Wie Sie vielleicht lächeln, wenn sich vor Ihren Augen ein Schmetterling auf eine Blume setzt, oder wenn überraschend eine Urlaubspostkarte von einem Freund in Ihrem Briefkasten liegt, oder wie Sie lächeln, wenn Sie sich unvermutet an einen Strandspaziergang erinnern. Finden Sie dieses milde Lächeln und führen Sie Ihre Aufmerksamkeit sanft zum Atem zurück. Es ist nicht wichtig, ob man das Lächeln in Ihrem Gesicht sehen kann. Es geht mehr um diese Leichtigkeit im Innern, die mit einem gelächelten *Aha!?* einhergeht. *Das aha!? steht für Anhalten – Hinschauen – Akzeptieren.* Diese einprägsame Kurzformel habe ich selbst vollkommen verinnerlicht, und auch meine Klienten gehen immer wieder gerne über diese Eselsbrücke. Sie ist mir das erste Mal im TETA-Führungskräftetraining vom Institut für angewandte Kreativität begegnet. Das renommierte Unternehmen hat schon in den 80er-Jahren erkannt, dass innere Einstellungen und Bewusstsein den Grundstein für Erfolg legen.

Legen Sie Wert auf die Kombination von Ausrufe- und Fragezeichen. Zusammen stehen sie für ein sanftes, freundliches Staunen. Meistens erleben wir ja eher andere Reaktionen, wenn wir von dem abschweifen, was wir uns vorgenommen haben. Wir sind ungehalten, kritisch, enttäuscht, machen uns Vorwürfe oder stellen trotzig fest, dass etwas anderes jetzt eben wichtiger ist. Verzichten Sie auf Reaktionen dieser Art. Nehmen Sie die Ablenkung einfach wahr: *Aha?! Da bin ich gerade – »Vergangenheit, Zukunft, Bewertung, Gefühle« – ein Lächeln – Rückkehr zum Atem.*

Erdulden, ertragen, erleiden?

»Die Menschen werden nicht durch die Ereignisse selbst, sondern durch ihre Sicht auf die Ereignisse beunruhigt.«

Epiktet

Wenn ich TrainingsteilnehmerInnen frage, wie sie zu Akzeptanz als Geisteshaltung stehen, gibt es häufig Ablehnung. Ich bitte die Menschen dann, in sich hineinzuhorchen, während ich den Begriff wiederhole. Es geht mir darum, dass sie ihre inneren Reaktionen erkunden. Und wenn ich frage, was die TeilnehmerInnen im Körper spüren, welche Gefühle auftauchen, welche Gedanken sie haben, erkennen sie schon bald, wo der Widerstand herrührt: Die meisten Menschen übersetzen *akzeptieren* mit gutheißen, billigen, erdulden, ertragen, zustimmen. Und insbesondere, wenn es um schwierige Erfahrungen geht, löst die Vorstellung, diese zu ertragen, Reaktionen aus, die unmittelbar im Körper gespürt werden können, z.B. Wut oder Resignation, Spannung oder Schwäche.

Akzeptieren im Kontext der Achtsamkeit beinhaltet keine Wertung. Es ist mehr eine Feststellung, die auf Beobachtung gründet. Es ist die Akzeptanz einer Realität.

Stellen Sie sich vor, Sie nehmen an einer Teambesprechung teil. Ihre Vorgesetzte schließt die Besprechung damit, dass sie Überstunden für die kommende Woche anordnet. Sie hatten bereits Pläne gemacht, die nun dahin sind. Den Rest des Tages sind Sie in Aufruhr. Sie beklagen sich bei Ihren Kollegen und schimpfen den ganzen Nachmittag und auch während Sie die Überstunden ableisten, fahren Sie erregt fort: »Das kann nicht wahr sein! Das kann die nicht machen! Das geht doch nicht!«

In Ihrer Empörung akzeptieren Sie nicht, dass Ihre Chefin gesagt und getan hat, was sie gesagt und getan hat. Dabei ist es Realität. Es ist Ihre Realität – Sie leisten die Überstunden ja bereits. Sie sind so sehr mit Ihrem inneren Kampf beschäftigt, dass Sie es versäumen, Ihre Vorgesetzte anzusprechen und gegebenenfalls an alternativen Lösungen mitzuwirken. Ihre volle Energie fließt in den Ärger und in das Festhalten an der unliebsamen Situation.

Wenn Sie Dinge erleben, die Sie nicht ändern können, warum sollten Sie Ihre Energie mit Ärgern verschwenden? Wenn Sie Dinge erleben, die Sie ändern können, warum sollten Sie Ihre Energie mit Ärgern verschwenden?

Wenn Sie im Berufsalltag eine schwierige Erfahrung machen, jemand schaut Sie vorwurfsvoll an, eine Bestellung wird nicht termingerecht geliefert, Sie haben etwas Wichtiges vergessen, ein Antrag wird abgelehnt – halten Sie einen Moment inne. Sagen Sie sich innerlich: *Aha?! Das geschieht gerade*. Versuchen Sie für eine Weile nichts anderes zu tun, als präsent für diese Realität zu sein. Praktizieren Sie ein paar Runden ABCD mit Akzeptanz Ihrem eigenen Atem gegenüber. Nehmen Sie die Erregung wahr, die durch die unangenehme Erfahrung in Ihnen aktiviert wurde. Vielleicht haben sich Ihre Schultern hochgezogen, hat sich der Magen verkrampft, die Stirn gekräuselt? Finden Sie dieses freundliche Staunen sowohl für die Ereignisse außen als auch für Ihre inneren Reaktionen. Beobachten Sie. Tun Sie nichts, außer sich vielleicht daran zu erinnern, dass hohe Erregung zu Kampf- oder Fluchtverhalten führt. Wir denken dann schwarz oder weiß, Angriff oder Flucht, gut oder böse. In dieser Verfassung sind unsere Möglichkeiten extrem eingeschränkt. Daher: Handeln Sie erst wieder, wenn Sie sich ein wenig beruhigt haben und klarer sehen.

Gelassen punkten

Kürzlich berichtete ein Klient, Herr Friedrich, stolz, wie er es geschafft hatte, seinen inneren Kamikazepiloten zurückzupfeifen. Kamikazepilot – ein treffendes Bild für Autopiloten, die sich in ein Kampfprogramm eingeloggt haben: Sie gehen aufs Ganze und sind schwer zu stoppen.

Herr Friedrich hatte an einer Sitzung teilgenommen. Ein Kollege gab einen Bericht zu einem gemeinsamen Projekt ab. Mein Klient geriet in Rage darüber, wie der Kollege die Dinge darstellte. Ihm kam es so vor, als würde der Kollege nicht die verabredeten Akzente setzen. Herr Friedrich war stinksauer. Mit zunehmender Redezeit des anderen spürte er, wie er innerlich kochte, wie sein Herz klopfte, sich seine Beine anspannten und er die rechte Hand fest um einen Kugelschreiber ballte. Seine Aufmerksamkeit wurde vom Inhalt des Berichts weg hin zu seiner Wut gezogen. Er konnte kaum bei der Sache bleiben. Er wollte gerade lospoltern und den Kollegen unterbrechen, um die Dinge zurechtzurücken, als ihm die hohe Erregung bewusst wurde. Er erinnerte sich, dass wir bei kochender Wut wenig differenziert denken und handeln können. Er ahnte, dass es seinen Interessen kaum dienen würde, wenn er nun mit Bissigkeit gegen den Kollegen zu Felde zog. Dieses kurze Innehalten machte Platz für einen Gedanken: »Meine Wut ist sehr stark, stärker als meine Aufmerksamkeit für den Bericht.« Er wendete die Achtsamkeitsregel #2 an.

Herr Friedrich löste seine Aufmerksamkeit von dem Redner und ließ seinen Blick bewusst nach draußen in den Himmel schweifen. Unauffällig legte er eine Hand auf den Bauch und spürte seinen Atem. Diesen machte er zum Gegenstand seiner Aufmerksamkeit und gönnte sich ein paar Atemzüge ABCD. Nach kurzer Zeit beruhigte er sich. Seine Beine wurden locker, seine Hand löste sich vom Kugelschreiber. Unsichtbar schenkte er sich ein lächelndes *Aha!?* Und dann war plötzlich eine neue Perspektive da. Nun ging es ihm nicht mehr darum, den Kollegen in die Schranken zu weisen, ihn zu bekämpfen und sich selbst zu verteidigen. Auf einmal hatte er das Bedürfnis, den Bericht inhaltlich zu ergänzen und seinen eigenen Beitrag zu leisten. Er wartete auf eine passende Gelegenheit und meldete sich zu Wort.

Als er diese Situation später in unserer Sitzung schilderte, war er noch immer beeindruckt von der Wirkung. Er sei auffallend gelassen und ruhig gewesen, fast freundlich – früher hätte er scharf, zackig, ironisch gesprochen. Er ergänzte seine Punkte in aller Klarheit. Alle hörten ihm aufmerksam zu. Man hätte eine Stecknadel fallen hören können, so hoch war die Konzentration in diesem Moment. Anschließend verlief die Diskussion über den Bericht ganz normal weiter, während er das Gefühl hatte, sicher und kraftvoll an seinem Platz zu stehen und mit seiner vollen Kompetenz gewirkt zu haben. Sein Kamikazepilot hätte gewohnheitsmäßig aus allen Rohren geschossen und sich selbst versenkt, was sicherlich unbefriedigend gewesen wäre.

Wichtig ist zu sehen, dass die hilfreichen Impulse zu einem anderen Umgang mit der Situation *aus ihm selbst* kamen. Er ist nicht blind irgendeiner Verhaltensregel gefolgt. Er hatte Zugang zu seinem eigenen inneren Potenzial. Im Innehalten konnte er seine Selbstregulierungskräfte nutzen, sich orientieren und mit Abstand auf das Geschehen schauen. Seine Handlungen waren gelassen und zielführend.

> Nur wenn wir die Realität akzeptieren, finden wir Kraft, um konstruktiv mit ihr umzugehen.

Freundlichkeit

»Sei gütig, denn alle Menschen, denen du
begegnest, kämpfen einen schweren Kampf.«

C.G. Jung

Wenn wir die Dinge akzeptieren, wie sie sind, können wir statt mit Ärger eher mit Gelassenheit, Geduld oder sogar Freundlichkeit reagieren.

Stellen Sie sich für einen Moment eine Situation vor, in
der Sie aufgebracht sind und unter Druck stehen. Ist es
nicht so, dass Sie sich alleine fühlen mit der Sache? Je
mehr wir kämpfen, desto isolierter fühlen wir uns. Ty-
pische Sätze, die uns durch den Kopf jagen, sind:
»Immer ich!«, »Warum hört keiner auf mich?!«, »Das
schaff ich nicht!« Oder die heroische Variante: »Wenn
ich es nicht tue, tut es niemand!« Malen Sie sich eine
für Sie schwierige Situation aus, in der Sie arg zu
kämpfen haben. Lassen Sie sich vor allen Dingen spüren, wie sich das im Körper anfühlt. Und stellen Sie
sich nun vor, dass ganz unerwartet jemand an Ihre
Seite tritt. Diese Person schaut Sie freundlich an und
ist ganz bei Ihnen. Sie ist präsent und nimmt Anteil an
dem, was in Ihnen vorgeht. Aber sie macht keine
Verbesserungsvorschläge, sie diskutiert nicht, kritisiert

nicht, drängt nicht. Sie bedauert Sie auch nicht mit schmerzverzerrtem Gesicht. Sie schaut freundlich – und signalisiert, dass sie Sie so nimmt, wie Sie jetzt sind – mit Ihren aufgewühlten Gefühlen und Ihren zornigen Gedanken. Welche Wirkung hätte das wohl auf Sie? Ist es nicht wohltuend, inmitten der größten Aufregung so einen freundlichen Blick geschenkt zu bekommen?

Wenn ich diese Imagination mit meinen KlientInnen mache, kann ich beobachten, wie sie sich entspannen. Sie atmen tief aus, ihre Schultern sinken und Gesicht und Bauch werden weicher. Sie sind oft erstaunt, dass die bloße Vorstellung zu so deutlichen Reaktionen im Körper führt. Dass sich alles freier und lockerer anfühlt – dass diese innere Erfahrung von Freundlichkeit Körper und Geist beruhigt. Und wenn ich sie dann auffordere, noch einmal auf die Situation mit dem Ärger zu schauen, antworten sie in der Regel: »Besser – es fühlt sich nicht mehr so dramatisch an. Ich bin ruhiger, irgendwie auch klarer.« Man kann diese Veränderung oft daran erkennen, dass sich die Stirn glättet und die Augen klarer werden. Und wenn wir noch weitergehen, stellt sich meistens heraus, dass die Klienten nun Zugang zu ihren mentalen Ressourcen haben. Sie können gelassener auf die Situation schauen, sind mitfühlender mit sich selbst und anderen und finden häufig kreative Lösungen für ihr Problem. Wo vorher ärgerliche Anspannung war, empfinden die Klienten Dankbarkeit und Freude über ihre gewonnenen Möglichkeiten, mit der Situation umzugehen. *Freundlichkeit ist ein starkes Gegengift gegen emotionalen Stress.* Sie können sich das zunutze machen. Füllen Sie Ihre Hausapotheke, indem Sie folgende Freundlichkeitsübungen in Ihren Alltag integrieren:

SICH SELBST EIN LÄCHELN SCHENKEN

- Stellen Sie sich vor einen Spiegel, in dem Sie sich bis zum Schulteransatz sehen können. Lächeln Sie sich freundlich zu. Legen Sie in das Lächeln die Qualität, die Sie jetzt am dringendsten brauchen: Trost, Aufmunterung, Freude. Lassen Sie das Lächeln über die Augen zu Ihnen zurückkommen und nehmen Sie es offen auf. Diese Übung können Sie zu einer täglichen Routine machen, morgens nach dem Zähneputzen beispielsweise. Oder Sie können sie in Akutsituationen als Erste Hilfe anwenden, wenn Sie z. B. am Arbeitsplatz etwas Kränkendes erlebt haben, aber weitermachen müssen. Gehen Sie für zwei, drei Minuten in den Waschraum und schenken Sie sich ein tröstendes Lächeln.

MUTWILLIGE FREUNDLICHKEIT

- Entwickeln Sie Freundlichkeit, indem Sie mutwillig, das heißt ohne konkreten Anlass, freundliche Handlungen begehen.

Wem könnten Sie wohl eine Freude machen? Vielleicht gibt es eine ältere Nachbarin, der Sie anbieten können, beim Einkauf etwas für sie mitzubringen. Vielleicht gibt es einen Kollegen, den Sie regelmäßig mit dem Auto mitnehmen und den Sie einfach mal, statt ihn am Bahnhof abzusetzen, bis nach Hause bringen. Vielleicht stellen Sie Ihrer Büronachbarin oder dem Pförtner morgens kurzerhand ein paar Blümchen auf den Schreibtisch. Vielleicht könnten Sie jemandem, von dem Sie schon einmal unterstützt wurden, einen Dankesbrief schreiben. Denken Sie jedoch nicht darüber nach, wem Sie eventuell etwas schulden. Verschenken Sie Ihre Freundlichkeitshandlung ganz ohne Grund. Echte Freundlichkeit lässt auch den anderen frei und erwartet keine Gegenleistung. Wählen Sie also Handlungen, wo die Empfängerin nichts tun muss. Damit trainieren Sie Ihre Freundlichkeitsmuskeln in Herz und Gehirn und stärken Ihr Immunsystem.

Üben im Nichtschwimmerbereich

Mit Achtsamkeit ist es wie mit dem Schwimmen. Wir sollten Schwimmen üben, wenn die See ruhig ist und wir in guter Verfassung sind. Dann beherrschen wir es, falls wir bei Sturm und hohen Wellen mal ins Wasser fallen.

Daher wäre mein Vorschlag, dass Sie sich in achtsamen Einstellungen üben, wenn es Ihnen gut geht. Die ABCD-Übung bietet dafür viele Möglichkeiten. Nach und nach werden Sie diese Qualitäten so weit entwickelt haben, dass sie Ihnen auch im stürmischen Alltag zur Verfügung stehen:

ABCD mit Freundlichkeit

Freundlichkeit, die von Herzen kommt, hat Heilkraft. Für uns selbst ebenso wie für andere. Seien Sie freundlich mit sich selbst und mit Ihrer schweifenden Aufmerksamkeit. Zürnen Sie ihr nicht, wenn sie auf Wanderschaft geht. Nehmen Sie sie sanft bei der Hand, wie ein Kind, das Laufen lernt, und führen Sie sie mit einem inneren Lächeln zurück zum Atem.

ABCD mit Offenheit

Alles ist in stetem Wandel begriffen, aber unser Verstand bekommt das nicht immer mit und hält an Erinnerungen, Erwartungen und Meinungen fest. Wenn wir offen sind, öffnen wir uns auch für das volle Potenzial, das in diesem Moment liegt. Betrachten Sie Ihren Atem offen und mit Anfängergeist. Als wäre dieser Atemzug der allererste Atemzug in Ihrem Leben, den Sie bewusst wahrnehmen. Seien Sie neugierig für seinen Rhythmus, für seine Ausdehnung. Welche Räume berührt er in Ihnen? Wie viel Pause gönnt er sich zwischen Aus- und Einatmen?

ABCD mit Geduld

Üben Sie sich in Geduld. Wenn Sie abschweifen, reagieren Sie nicht gereizt oder enttäuscht. Sagen Sie sich einfach, dass die Übung ungewohnt ist, und ermuntern Sie sich, am Ball zu bleiben. Begrüßen Sie jedes Abschweifen als Gelegenheit, geduldig zurückzukehren.

ABCD mit Urteilsfreiheit

Legen Sie die Gewohnheit ab, jede Erfahrung als gut oder schlecht einzuordnen. Erfahrungen sind, was sie sind. Ihr Atem ist nicht richtig oder falsch, nicht »zu schnell« oder »zu langsam«. Erlauben Sie Ihrem Atem, so zu sein, wie er in diesem Moment ist.

ABCD mit Gegenwärtigkeit

Seien Sie ganz präsent. Die Vergangenheit ist vorbei und die Zukunft noch nicht gekommen. Das Einzige, was Sie haben, ist die Gegenwart. Bringen Sie Ihre volle Aufmerksamkeit in diesen Moment, indem Sie sie auf diesen Atemzug jetzt richten. Was spüren Sie, wenn Sie einatmen, wenn Sie ausatmen? Was spüren Sie jetzt … und jetzt?

ABCD mit Freude

Das Leben ist voller Angelegenheiten, die wir gut machen wollen: Familie, Freunde, Job. Achtsamkeitspraxis sollte nicht noch ein weiteres Projekt sein, für das Sie sich anstrengen und Ihr Bestes geben müssen. Achtsamkeit ist Ihre Zeit und Ihr Leben. Achtsamkeit sind die Minuten des Tages, die Sie wirklich sich selbst schenken. Genießen Sie sie.

NEHMEN SIE SICH ZEIT

Denken Sie darüber nach, wie sich achtsame Einstellungen auf Ihre Arbeit auswirken könnten. In welchen Momenten wären Sie gerne offen, geduldig, präsent oder freudig? Vertiefen Sie diese Haltungen in der täglichen ABCD-Übung, werden Sie zunehmend auch in den Turbulenzen des Alltags auf sie zurückgreifen können.

Friede, Freude, Eierkuchen?

Viele Menschen, die zu mir ins Training oder in die Einzelarbeit kommen, fürchten anfangs, durch Achtsamkeit ihre Durchsetzungskraft zu verlieren und zu weich für das harte Berufsleben zu werden. Sie meinen, dass innerer Friede und Freude an der Realität des Jobs vorbeigehen – sozusagen nur Eierkuchen sind. Tatsache ist jedoch, dass Achtsamkeit Klarheit und Stärke fördert. Allerdings unterscheidet sich Stärke, die aus Achtsamkeit erwächst, fundamental von der Ritterrüstung, die Männer wie Frauen im Arbeitsalltag oft anlegen.

Diese Rüstung besteht aus einer Vielzahl von Regeln, Überzeugungen und Glaubenssätzen, die sich nicht nur in unser Denken, sondern auch in unseren Körper und unser Herz eingenistet haben. Und doch beziehen sie sich alle auf die *Vergangenheit*, sehr häufig auf eine Vergangenheit, die unserem erwachsenen Selbst kaum noch in Erinnerung ist. Diese Rüstung ist die Ausgehuniform unseres Autopiloten. Vielleicht haben Sie jedoch mittlerweile eine Ahnung bekommen, dass der Autopilot ein eigenwilliger Geselle ist und nicht immer zu unserem Besten handelt.

Achtsamkeit versetzt uns in die Lage, die Rüstung abzulegen und der Realität ohne Visier ins Auge zu schauen. Wenn wir durch die Achtsamkeitspraxis mehr im Einklang von Körper, Geist und Herz leben, haben wir Zugang zu einer Weisheit, die kreativer, produktiver, gesünder und auch mutiger wirkt als die alten Gewohnheiten unserer Berufsrüstung.

»Wenn du immer das tust,
was du immer schon getan hast,
wirst du immer das bekommen,
was du immer schon bekommen hast.«

Quelle unbekannt

6

Übung macht den Meister

»Um anzufangen, fange an.«
William Wordsworth

Achtsamkeit
ist eine Lebenskunst

Achtsamkeit ist eine Lebenskunst. Und wie bei jeder anderen Kunst brauchen KünstlerInnen Begeisterung, Interesse, Offenheit und Kreativität. Dazu brauchen sie auch Disziplin, Ausdauer, Geduld und einen festen Willen zu üben, um ihre Fertigkeiten zu verfeinern. Man sagt, um eine Sache zu meistern, braucht es 10 000 Stunden Übung. Lassen Sie sich von dieser gigantischen Zahl nicht abschrecken. Machen Sie sich bewusst, dass Sie nicht nur üben, wenn Sie sich z.B. zehn Minuten hinsetzen und ABCD praktizieren. Sie trainieren

Achtsamkeit in jedem Moment, in dem Sie sich bewusst werden, welche Erfahrungen Sie gerade im Körper, im Denken oder im Fühlen machen, und den gegenwärtigen Moment mit allen Sinnen erfahren. Dazu bietet der Alltag unzählige Gelegenheiten. Etwa, wenn Sie morgens zur Arbeit fahren: Lassen Sie einfach mal das Smartphone in der Tasche, hören Sie keine Musik, lesen Sie nicht. Nehmen Sie einfach Ihren Körper wahr, wie er im Auto oder in der U-Bahn sitzt, wie er sich beim Gehen, Treppensteigen oder Fahrradfahren bewegt. Nehmen Sie die Temperatur wahr in Ihren Muskeln und außen auf Ihrer Haut. Dieses Gewahrsein für Ihren Körper bringt Sie mit allen Sinnen ins Hier und Jetzt und verbessert außerdem Konzentration und Klarheit.

Pause machen

Gönnen Sie Ihrem Geist echte Pausen. Im normalen Alltagsgeschehen beanspruchen wir insbesondere unsere konzeptuellen Gehirnfunktionen. Darunter versteht man die Verarbeitung von eingehenden Informationen mithilfe von mehr oder weniger bewusst ablaufenden Bewertungen, Analysen und Entscheidungen. Das ist permanente

Action für das Gehirn und verbraucht viel Energie. Um sich von diesen Strapazen zu erholen braucht das Gehirn Phasen, in denen die pure Wahrnehmung Vorrang hat vor Kommentieren, Verstehen und Urteilen.

Heureka – ich hab's gefunden!

Pausen, in denen wir offen und präsent sind, ohne zu denken, sind von großer Bedeutung für unsere Kreativität und Innovationskraft. Archimedes hat laut Überlieferung seine fundamentale Einsicht in die Physik der Verdrängung nicht beim zielgerichteten Forschen gefunden. Sie kam ihm als Eingebung beim Entspannen in der Badewanne! In dieser absichtslosen, präsenten Entspannung konnte alles, was er zuvor über sein Forschungsthema herausgefunden hatte, ohne Anstrengung an seinen Platz fallen. Plötzlich war es klar. Das ist das Wesen des guten Einfalls oder des Geistesblitzes.

Gönnen Sie sich diese Art von Entspannung, indem Sie Ihre Sinne ganz in die gegenwärtige Erfahrung bringen und sich dem momentanen Erleben voll und ganz hingeben, ohne nachzudenken. Damit verbannen Sie jedes lästige Warten aus Ihrem Alltag.

Atmen statt Warten

Wenn Sie irgendwo warten – im Vorzimmer des Chefs, im Konferenzraum, beim Arzt, an der Kasse oder in der U-Bahn – nutzen Sie die Zeit, um sich mit Ihrem Atem zu verbinden. Spüren Sie den Kontakt der Füße zum Boden und lenken Sie dann Ihre volle Aufmerksamkeit auf die Bauchgegend. Begleiten Sie für ein paar Runden ABCD Ihren Atem mit Ihrer ganzen Aufmerksamkeit.

Essen

Sie könnten auch Ihre Mahlzeit auf achtsame Art verspeisen, ohne Ablenkung durch Lesen, Reden oder Denken. Öffnen Sie Ihr Bewusstsein voll und ganz für das sinnliche Erleben – den Geschmack, die Temperatur, die Farben und Formen Ihrer Lebensmittel. Nehmen Sie auch wahr, welche Gefühle und Empfindungen das Essen in Ihnen hervorruft. Geben Sie sich dem Essen hin, ohne dabei etwas Bestimmtes erreichen zu wollen. Einfach um der Erfahrung selbst willen.

Hören

Sie können auch alle anderen Sinne benutzen, um sich mit dem gegenwärtigen Moment zu verbinden. Jede Sinneserfahrung findet im Hier und Jetzt statt. So können Sie z.B. Ihre volle Aufmerksamkeit dem Hören widmen. Versuchen Sie einfach nur zu hören, ohne darüber zu urteilen, ob das wahrgenommene Geräusch angenehm oder unangenehm ist. Ohne darüber nachzudenken, wo das Geräusch herkommt. Nehmen Sie die akustische Qualität wahr – die Tonhöhen und -tiefen, den Rhythmus, das An- und Abschwellen. Suchen Sie nicht, bewegen Sie sich innerlich nicht aktiv auf das Geräusch zu. Seien Sie einfach empfänglich für das Kommen und Gehen von Geräuschen.

Gehen

Wenn Sie sich von A nach B bewegen – vom Büro zum Meeting, von einem Klassenraum zum nächsten, auf dem Weg zwischen zwei Erledigungen –, dann nutzen Sie diese Gelegenheit zu einer Gehmeditation. Bringen Sie dabei Ihre volle Aufmerksamkeit zu den Füßen. Erleben Sie bewusst, wie Sie das Gewicht von einem Fuß auf den anderen verlagern, wie es sich anfühlt, wenn der Fuß durch die Luft streift und nach einer Weile sich wieder zu Boden senkt. Wie erleben Sie den Moment der Kontaktaufnahme zum festen Grund? Anfangs ist es hilfreich, recht langsam zu gehen, um die eigenen Sinne für die Details und Feinheiten zu schärfen. Mit ein wenig Übung kann man aber auch zügig gehen und dabei ganz präsent sein.

Lebensgeister wecken

Nehmen Sie sich immer wieder einmal einen Moment Zeit, um während der Arbeit bewusst Ihren Körper zu spüren. Erinnern Sie sich, dass wir unwillkürlich Spannung im Körper aufbauen, wenn Dinge schwierig sind – unabhängig davon, ob sie mental, emotional oder körperlich schwer sind. Der gesamte Körper reagiert mit Spannung. Sie kennen das besonders von hochgezogenen Schultern und von aufeinandergebissenen Zähnen.

Der leichteste Weg, diese Spannung ein wenig zu lösen, ist, alle größeren Gelenke nacheinander sanft kreisen zu lassen.

Gelenkkreisen

- Für dieses sanfte, entspannte Gelenkkreisen stellen Sie sich am besten hin. Falls es Ihnen Gleichgewichtsstörungen bereitet, auf einem Fuß zu stehen, halten Sie sich lieber irgendwo fest, als sitzen zu bleiben. Aber natürlich ist Gelenkkreisen im Sitzen viel, viel besser als gar kein Gelenkkreisen.

- Richten Sie sich also auf und kreisen Sie ein Fußgelenk fünf bis zehn Mal in die eine und dann in die andere Richtung. Fahren Sie fort mit Knien und Hüftgelenken. Dann wechseln Sie das Bein.

- Setzen Sie nach den Beinen das Kreisen in der Taille

fort. Man kann auf zweierlei Weisen um die Taille kreisen: einmal mit relativ festen, stabilen Beinen, sodass sich der Oberkörper beugt und kreist. Und einmal mit relativ stabilem Oberkörper, sodass das Becken nach vorne, zur Seite und nach hinten kreist, wie bei einer Bauchtänzerin.

- Als Nächstes lassen Sie Ihre Handgelenke, Ellbogen und Schultern kreisen. Dafür gibt es ebenfalls verschiedene Variationsmöglichkeiten. Folgen Sie Ihrer Intuition.

- Zum Schluss lassen Sie den Kopf kreisen und dehnen Sie dabei die Nackenmuskulatur. Gehen Sie hier ganz besonders behutsam vor. Es geht überhaupt nicht darum, wie groß der Kreis ist. Was im Übrigen auch für alle anderen Gelenke gilt.

- Insgesamt sollten Sie diese Übung nicht mechanisch ausführen, sondern mit viel Spürsinn – so, als würden Sie das Gelenk im Innern streicheln und durch die Bewegung sanft ölen. Auf diese Weise entfaltet das Gelenkkreisen seine größte Wirkung und bringt Ihre Energie wieder ins Fließen.

Wenn Ihnen das Bewegen aller Gelenke am Arbeitsplatz als zu auffällig erscheint, verzichten Sie nicht völlig auf dessen heilsame Wirkung. Seien Sie erfinderisch und bewegen Sie Ihren Körper mehrmals täglich bewusst. Lassen Sie sich dabei von Ihrer Intuition leiten.

Zu Hause üben

Die beste Möglichkeit, mehr Achtsamkeit zu entwickeln, bietet eine formale Praxis. Formal heißt, dass es eine feste Form, eine konkrete Anleitung und eine bestimmte Zeit gibt, in der geübt wird. ABCD bietet Ihnen einen festen Rahmen – nämlich das aufrechte Sitzen mit gutem Kontakt zum Boden und geschlossenen Augen. ABCD leitet Sie konkret an und erklärt, wie Sie lernen, sich auf den Atem zu konzentrieren. Wenn Sie ein bisschen sicherer in der Atembetrachtung geworden sind, können Sie bewusst entscheiden, welche achtsame Geisteshaltung Sie bei der Atembetrachtung kultivieren wollen. Sie können ABCD in jeder beliebigen Dauer üben. Wenn Sie wirklich täglich üben wollen, empfehle ich zu Beginn zehn Minuten. Bestimmen Sie eine feste Tageszeit dafür und machen Sie die ABCD-Übung zum täglichen Ritual, das Sie nicht infrage stellen, ähnlich wie das Zähneputzen auch.

Medizin ohne unerwünschte Nebenwirkung

In der Forschung wurden über die letzten 30 Jahre zahlreiche Studien durchgeführt, um die Wirkung der Achtsamkeitspraxis zu erkunden. Dabei kamen verschiedenste Versuchsanordnungen zum Einsatz. Und auch die Art der Achtsamkeitsübungen, die die jeweiligen Probanden praktizierten, war sehr unterschiedlich. Hinzu kommt, dass Forschungsergebnisse immer auch von denjenigen, die die Forschung in Auftrag geben und durchführen, beeinflusst sind. Und zu guter Letzt ist Achtsamkeit keine Pille, sondern eine sehr subjektive Interaktion des Übenden mit seinen Erfahrungen. So unterschiedlich die Übenden sind, so vielfältig sind ihre Erfahrungen. Daher ist die Objektivierbarkeit solcher Messdaten nicht immer leicht.

Und trotz dieser Einschränkungen findet die moderne Geräte-Wissenschaft immer mehr Belege für das, was die Geistes-Wissenschaft bereits vor Jahrtausenden klarsah: *Die Achtsamkeitspraxis ist ein Weg zur Befreiung von Leid.*

Achtsamkeit und ihre Wirkung auf die Gesundheit

- Verlangsamt die Zellalterung
- Reduziert Stress
- Verbessert die Schlafqualität
- Fördert Wachsamkeit und Reaktionsfähigkeit
- Erhöht Aufmerksamkeit und Konzentration
- Stärkt das Immunsystem
- Erhöht die Lebensqualität
- Reguliert den Blutdruck
- Verbessert die Gedächtnisleistung
- Verbessert die Stimmungslage[5]

Wenn es eine Tablette gäbe, die Ihnen all diese Heilwirkungen bieten könnte: Würden Sie sie nehmen? Vor Kurzem war in der Presse zu lesen, dass immer mehr Menschen auf Psychopharmaka zurückgreifen, und zwar nicht, um Beschwerden zu lindern, sondern um in gesundem Zustand ihre Leistungsfähigkeit noch weiter zu erhöhen. Das halte ich für fatal, und mir scheint, der Selbstoptimierungswahn in unserer Gesellschaft kennt keine Grenzen.

Wenn ich dennoch für Achtsamkeit am Arbeitsplatz plädiere, so hat das mit meinen Erfahrungen und meiner Überzeugung zu tun, dass Achtsamkeit viel mehr bewirkt, als die Gesundheit und die

Konzentration zu verbessern. Achtsamkeit führt uns auf ganz neue Weise an Fragen der Ethik und des Miteinanders heran. Ohne Dogmen, ohne Bevormundung. Allein durch die kunstvolle Beruhigung von Geist und Körper wird auch Liebe in uns geweckt. Und Liebe ist ja nichts anderes als das Bewusstsein davon, dass alles miteinander verbunden ist. Dass Menschen, Tiere, Pflanzen und Elemente von gleichem Ursprung sind. Dass das Handeln des Einzelnen eine Wirkung im Ganzen hat.

Daher ist es tröstlich, dass Achtsamkeit zwar insgesamt unsere Leistungsfähigkeit verbessert, aber eben auch zu besseren Beziehungen und ethischem Verhalten beiträgt.

Achtsamkeit ist wie Jazz

Mit Achtsamkeit ist es wie mit Jazz – den man hören muss, um ihn zu kennen. Achtsamkeit muss man erfahren, um ihre Wirkung (ein)schätzen zu können. Daher möchte ich Sie ermutigen, die Übungen in diesem Buch und aus anderen Quellen zu nutzen, um sich selbst mit der Achtsamkeitspraxis vertraut zu machen. Lassen Sie sich auf Grundlage Ihrer eigenen Erfahrung zu einem Urteil kommen. Denn auch wenn Urteilsfreiheit eine der Geisteshaltungen in der Achtsamkeitspraxis ist, so heißt Achtsamkeit nicht, niemals zu urteilen.

Achtsamkeit heißt, automatische, gewohnheitsmäßige Urteile außer Kraft zu setzen und dann zu einem eigenen, freien, auf den Moment bezogenen klaren Urteil zu kommen und danach zu handeln. Ich wünsche Ihnen persönlich wie beruflich viel Erfolg dabei.

Die wichtigste Stunde ist
immer die Gegenwart,
der bedeutendste Mensch immer der,
der dir gerade gegenübersteht,
und das notwendigste Werk
immer die Liebe.

Meister Eckhart

Danksagung

Ich danke Rasmus Hougaard für seine unerschöpfliche Energie und Liebe, die er in The Potential Project steckt, und für seine Großzügigkeit, das gesammelte Wissen in diesem Buch nutzen zu dürfen.

Ohne ihn, meine vielen engagierten Trainerkolleginnen und -kollegen und ohne unsere mutigen Kunden wäre dieses Buch nicht möglich gewesen.

Anmerkungen

1 Killingsworth MA, Gilbert DT. »A Wandering Mind Is an Unhappy Mind.« *Science* 12 November 2010: Vol. 330/6006, p. 932 DOI: 10.1126/science.1192439

2 Eyal Ophir et al., Stanford University. »Cognitive Control in Media Multitaskers.« *NeuroImage* August 2009

3 Charman-Anderson S. »Breaking the Email Compulsion.« *The Guardian*, 28.8.2008
   Jackson T, Dawson R, Wilson D. »Reducing the Effect of Email Interruption on Employees.« *International Journal of Information Management* 2003, Vol. 23/1, pp. 55–65
   Kushlev K, Dunn EW. »Checking Email Less Frequently Reduces Stress.« University of British Columbia, Vancouver, Canada, 2014
   Schwartz T. »Breaking the Email Addiction.« *Harvard Business Review*, 29.6.2010

4 Cranfield Centre for Business Performance at the University of Cranfield, Dr. Andrey Pavlov and Dr. Jutta Toblas, http://www.som.cranfield.ac.uk/som/cbp

5 Carlson L, Garland SN. »Impact of Mindfulness Based Stress Reduction on Sleep, Mood, Stress and Fatigue Symptoms.« *International Journal on Behavioral Medicine* 2005, Vol. 12/4, pp. 278–285
   Davidson RJ et al. »Alteration in Brain and Immune Function Produced by Mindfulness Meditation.« *Psychosomatic Medicine* 2003, Vol. 65/4, pp. 564–570
   Pagnoni G, Cekic M: »Age Effects on Gray Matter

Volume and Attentional Performance.« *Neurobiology of Aging* 2007, Vol. 28/10, pp. 1623–1627

Rosenweig et al. »Mindfulness is Associated with Improved Glycemic Control in Type 2 Diabetes mellitus.« *Alternative Therapies in Health and Medicine* 2007, Vol. 13/5, pp. 36–38

Zeidan F et al.: (2010) »Effects of Brief and Sham Mindfulness on Mood and Cardiovascular Variables.« *Journal of Alternative Complement Med.* 2010 Vol. 16/8, pp. 867–873

Zeidan F et al. »Mindfulness Improves Cognition: Evidence of Brief Mental Training.« *Consciousness and Cognition* 2010, Vol. 19/2, pp. 597–605

Studien über Achtsamkeit am Arbeitsplatz

Studien haben gezeigt, dass die Übung der Achtsamkeit positive Folgen im Berufsleben hat.

Die Übung der Achtsamkeit verbessert

Leistungsfähigkeit: Reb J, Narayanan J. »The Influence of Mindful Attention on Value Claiming in Distributive Negotiations: Evidence from Four Laboratory Experiments.« *Mindfulness* 2013, 1–11. (Doi: 10.1007/s12 671–013-0232–8.) Retrieved from http://link.springer.com/article/10.1007/s12 671–013-0232–8

Problemlösungsfähigkeit: Ostafin BD, Kassman KT. »Stepping out of History: Mindfulness Improves Insight Problem Solving.« *Consciousness & Cognition* 2012, Vol. 21/2, pp. 1031–1036

Jobzufriedenheit: Reb J, Narayanan J. »The Influence of Mindful Attention on Value Claiming in Distributive Negotiations: Evidence from Four Laboratory Experiments. *Mindfulness* 2013, 1–11. (Doi: 10.1007/s12 671–013-0232–8.) Retrieved from http://link.springer.com/article/10.1007/s12 671–013-0232–8.

Konzentration: Reb J, Narayanan J, Ho ZW. »Mindfulness at Work: Antecedents and Consequences of Employee Awareness and Absent-mindedness.« *Mindfulness* 2013. Retrieved from http://link.springer.com/article/10.1007/s12 671–013-0236–4

Ethische Entscheidungen: Shapiro SL et al. »Mindfulness Based Stress Reduction Effects on Moral Reasoning and Decision Making.« *Journal of Positive Psychology* 2012, Vol. 7/6, pp. 504–515

Kreativität und Innovation: Murphy M, Donovan St. *The Physical and Psychological Effects of Meditation: A Review of Contemporary Research with a Comprehensive Bibliography 1931 – 1996* (2nd ed). Sausalito, CA: Institute of Noetic Sciences, 1999

Arbeitnehmer/Arbeitgeber-Beziehung: Giluk TL. »Mindfulness-based Stress Reduction: Facilitating Work Outcomes Through Experienced Affect and High-quality Relationships.« Dissertation, University of Iowa 2010. http://ir.uiowa.edu/etd/674

Die Übung der Achtsamkeit reduziert nachweislich

Emotionale Erschöpfung: Reb JM, Narayanan J, Chatur-vedi S. »Leading Mindfully: Two Studies of the Influence of Supervisor Trait Mindfulness on Employee Well-Being and Performance.« *Mindfulness* 2014, Vol. 5/1, 36. *Research Collection Lee Kong Chian School Of Business.* Available at: http://ink.library.smu.edu.sg/lkcsb_research/3320

Mentale Rigidität: Greenberg J et al. »Mind the Trap: Mindfulness Practice Reduces Cognitive Rigidity.« *PLoS ONE* 2012, Vol. 7/5, e36 206

Innere Kündigung: Reb JM, Narayanan J, Chaturvedi S. »Leading Mindfully: Two Studies of the Influence of Supervisor Trait Mindfulness on Employee Well-Being and Performance.« s. o.

Multitasking: Levy DM, Wobbrock J et al. »The Effects of Mindfulness Meditation Training on Multitasking in a High-Stress Information Environment.« 2012 Washington University

Krankheitsausfall: Barret B. et al. »Meditation or Exercises for Preventing Acute Respiratory Infection: A Randomized Controlled Trial.« *Annals of Family Medicine* 2012, Vol 10/4, pp. 337-346

Weitere Quellenangaben

Zitat Vera F. Birkenbihl (S. 30): Diesen Vergleich verwendete die Motivationstrainerin und Autorin in vielen Vorträgen und Büchern.
Zitat Jon Kabat-Zinn (S. 41): Aus einem Interview in der *Frankfurter Allgemeinen Zeitung*, 17.3.2015
Zitat Max Frisch (S. 67): Aus seinen Tagebüchern
Zitat Thich Nhat Hanh (S. 73): Aus einem Vortrag

Zum Weiterlesen

Bergner, Thomas (2009). *Burnout-Prävention. Das 9-Stufen-Programm zur Selbsthilfe*. Schattauer

Dewulf, David (2009). *Achtsamkeit. Der Weg zu innerer Freiheit*. Arbor

Hanson, Rick (2013). *Denken wie ein Buddha. Gelassenheit und innere Stärke durch Achtsamkeit. Wie wir unser Gehirn positiv verändern*. Irisiana

Hougaard, Rasmus (2015). *One second ahead* (englisch). Palgrave Macmillan

Kabat-Zinn, Jon (2001). *Gesund durch Meditation*. O.W. Barth

Kabat-Zinn, Jon (2006). *Zur Besinnung kommen*. Arbor

Löhmer, C. und Standhardt, R.(2014) *Timeout statt Burnout. Einübung in die Lebenskunst der Achtsamkeit*. Klett-Cotta

Maex, Edel (2008). *Mindfulness. Der achtsame Weg durch die Turbulenzen des Lebens.* Arbor

Meibert, Petra (2014). *Der Weg aus dem Grübelkarussell. Achtsamkeitstraining bei Depression, Ängsten und negativen Selbstgesprächen.* Kösel

Reddemann, L. und Wetzel, S. (2011). *Der Weg entsteht unter deinen Füßen. Achtsamkeit und Mitgefühl in Übergängen und Lebenskrisen.* Kreuz

Romhardt, Kai (2009). *Wir sind die Wirtschaft. Achtsam leben – sinnvoll handeln.* Kamphausen

Siegel, Daniel (2014). *Das achtsame Gehirn.* Arbor

Thich Nhat Hanh (2008). *Das Wunder der Achtsamkeit: Einführung in die Meditation.* Theseus

Thich Nhat Hanh (2013). *Achtsam arbeiten, achtsam leben. Der buddhistische Weg zu einem erfüllten Tag.* O.W. Barth

Unger, H.P./Kleinschmidt, C. (2006). *Bevor der Job krank macht.* Kösel

Unger, H.P./Kleinschmidt, C. (2014). *»Das hält keiner bis zur Rente durch!«. Damit Arbeit nicht krank macht: Erkenntnisse aus der Stress-Medizin.* Kösel

Wallace, B. Alan (2012). *Die befreiende Kraft der Aufmerksamkeit.* edition steinreich

Williams, M./Penman, D. (2015). *Das Achtsamkeitstraining. 20 Minuten täglich, die Ihr Leben verändern.* Goldmann

Lebenshilfe auf den Punkt gebracht

Achtsamkeit hilft uns, mit den Herausforderungen des Lebens geschickter umzugehen – und dabei die kleinen Freuden des gegenwärtigen Augenblicks aus vollem Herzen zu genießen. Die kompakten Pocketguides bieten einen unkomplizierten Einstieg: Eine Fülle an Übungen und Impulsen zeigt, wie sich Achtsamkeit konkret im Alltag umsetzen lässt.

ISBN 978-3-95803-030-5

ISBN 978-3-94341-6-93-0

ISBN 978-3-943416-92-3

ISBN 978-3-95803-032-9

Weitere erfolgreiche Titel aus der Reihe »Achtsam leben«

»Das größte aller Wunder ist es,
lebendig zu sein. Achtsamkeit ermöglicht uns,
dieses Wunder zu berühren.«
Thich Nhat Hanh

Mehr über unsere Bücher unter www.scorpio-verlag.de

ISBN 978-3-95803-008-4

ISBN 978-3-94316-95-4

ISBN 978-3-95803-029-9

ISBN 978-3-95803-095-4